我的甜品屋

 犀文图书 编著

U0339503

天津出版传媒集团

 天津科技翻译出版有限公司

精品

行动起来吧！

START

前言

PREFACE

甜品起源于古埃及和古希腊，后来盛行于欧洲，对我们这个饮食文化深厚的古老国度而言，是舶来品。发展至今，甜品形成了它独特的风格与体系，也被赋予了独特的文化内涵。有人认为甜品是小资的格调，但是旧时王谢堂前燕，终究还是飞入了寻常百姓家。如今街头巷尾，处处是奶油、慕斯的甜腻、馨香，总有令人食欲大振的感觉。有人认为，喜欢吃甜品的人，心态好，性情也会比一般人开朗。因为巧克力、蛋糕、布丁、奶酪、糖水等一切甜美的食物，可以调整人的不良情绪。所以，大家在平时要适当吃些甜品，这样会使自己保持一种开朗的心境。

临渊羡鱼，不如退而结网。本书精选了七十余款甜品，对每一款甜品都做了详细的介绍，包括甜品的典故来源、制作使用的材料和制作步骤，图文并茂，让您不再羡慕别人可以做出这样精致、美味的食物。喜欢吃甜品的朋友，有了本书后，就可以在家人和朋友面前大显身手啦！自己动手，一来可以感受到做甜品的乐趣，二来还能从中学会更多甜品的知识，真可谓是一举两得的好事。

心动不如行动，赶紧把本书带回家吧，为您和您所爱的家人、朋友，做一款爱的甜品吧！

CONTENTS
目录

PART 4 甜蜜分享
——我的甜品盛宴

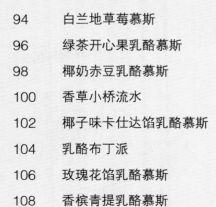
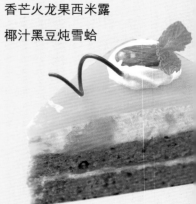

PART 甜品 屋里的那些主角们

GJ 甜品屋里必备的工具

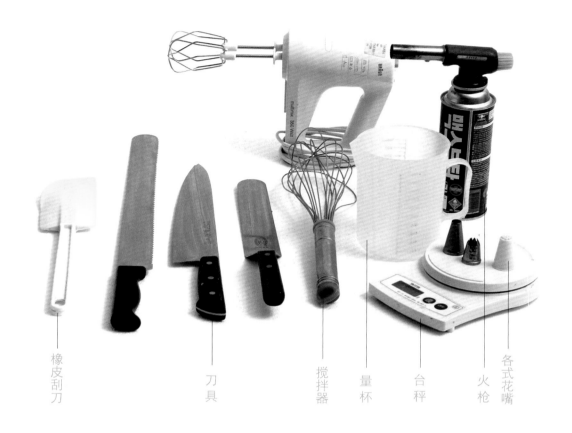

橡皮刮刀　刀具　搅拌器　量杯　台秤　火枪　各式花嘴

橡皮刮刀：橡皮刮刀专用于处理黏稠的原料，可以轻松地刮下。

抹刀：用于装饰涂抹奶油，还可以用于帮助脱模。

牙刀：用于切割带弹性的点心，效果较为理想。

平口刀：用于分切较嫩滑的点心，切口较平滑。

滚轮刀：一般在切派皮或者面皮时使用，切出的形状有直线和波浪两种。

量杯：用来称液体食料的器具，以毫升为计量单位。最好使用透明量杯，较不易产生视觉误差。

搅拌器：搅拌器有手动和电动两种，一般分量较少和简单的都可以用手动搅拌器；电动搅拌器可以轻松地在短时间内使鸡蛋、奶油等膨胀产生气泡，制作出来的产品质量更佳。

台秤：台秤可在制作过程中，精确计量原料、配料的分量。

火枪：用于慕斯脱模。

转盘：随时旋转，方便装饰慕斯。

各式花嘴：不同的花嘴可以挤出不同形状的产品。

A模具：模具是用来做甜品中西点、面包等各式各样造型的必备工具。

B筛网：筛网的主要用途是过滤，最好选择不锈钢制品。

C烤盘：把做好的蛋糕等甜品放在烤盘上，直接放入烤箱，也可垫上烤盘垫纸，这样不又不容易烤焦，成品也比较容易取出。

D擀面棍：擀面棍最好选择木质结实、表面光滑的，以长者为佳。使用时，先在案板和擀面棍上撒些面粉，较不容易粘上面团。

E面团刮刀：可将面团做成面包或者将面团切成几小块，也可将面团从案板上铲起。

F擦丝器：可以把水果等擦丝，也可以擦片和擦条。

G挖球器：可以用来把水果或冰淇淋等挖出大小不同的圆球，用之前可先沾点水。

小滤网：过筛少量的粉或最后用来过筛糖粉。

锯齿刮板：对于新手来说是件理想的工具，可以用来在蛋糕顶部增加有趣的装饰。

冷却铁架：用来使烤好的蛋糕或饼干等冷却，附有铁架脚，可使底部通风，让甜品均匀地散热冷却。

高压锅：适宜煮糖水中不易煮烂的食材，使食材能较快煮烂。但要注意加水量的多少及煮制时间的长短。

砂锅：煮糖水最好就是用砂锅了，但一定要选用好点的砂锅，这样煮出来的东西比较好吃。

电饭锅：电饭锅煮糖水方便又简单，但缺点是糖水比较容易溢出。解决办法是把电饭锅上散热的塞子拿下来，盖子不要扣紧，使其不呈密闭状态即可。

不锈钢锅：家里有煤气炉或电磁炉的可以用不锈钢锅。不锈钢锅美观且耐用，尤其难得的是它耐腐蚀，不生锈，而且受热均匀，不容易粘锅，即使粘上也比较容易清洁干净。熬煮糖水最好用加厚锅底的不锈钢锅。

烤箱：烤箱是甜品中西点中最常用的了，具体的功能与大小可根据自身的实际情况选择。

甜品屋里不可少的常用食材

白糖：依颗粒的大小，分为粗白糖、细砂糖，通常用细砂糖较多，而粗白糖则用于面包或小西饼的表层装饰。

糖粉：呈洁白的粉末状，糖颗粒非常细，有3%~10%的淀粉填充物，有防潮及防止糖粒结块的作用。可筛在西点成品上作表面装饰。

面粉：分为高筋、中筋、低筋、全麦面粉等，蛋糕以低筋面粉制作居多。面粉使用前必须过筛。

动物性油脂：有牛油、猪油、奶油、鱼油等，多含饱和脂肪，可使制品达到酥松的效果。

植物性油脂：有黄豆油、棉籽油、棕榈油、玉米油、椰子油等，植物油多属流质。

鸡蛋：鸡蛋含丰富的维生素B_{12}、蛋白质、矿物质。烘焙时，蛋清质搅动过程中会形成气室，遇热会产生膨胀，增大体积，蛋黄含有磷脂，它是一种优良乳化剂，能使烘焙后的蛋糕柔软细致。

酵母：酵母有新鲜酵母、普通活酵母和快干性酵母三种，可在烘焙过程中产生二氧化碳，具有膨大面团的作用，而且在发酵的过程中还可以产生特殊的香味。

芝士：可使甜品中带有一股微酸的特殊风味，制作芝士蛋糕时，奶油芝士是使蛋糕滑溜爽口的唯一法宝。

果酱：果酱是制作西点馅料和夹心的必备材料。

可可粉、巧克力：与面团混合使用或拿来作最后装饰，可以增加甜品的风味及香醇度。若使用巧克力，需先将其切碎装入容器中，再隔热水间接加热至融化。

各种豆类：例如绿豆、红豆等都是糖水中常用的材料，煮至软绵都非常受欢迎。

银耳：常用作甜汤配料，例如冰糖莲子、红枣银耳莲子汤等，入口滑顺，口感鲜脆，汤中带胶，清爽可口。

莲子：是中式甜点中经常使用的材料，最常与冰糖搭配食用。夏天是莲子的采收季节，莲子本身具有降火功效，是夏季极佳的养颜美容食品之一。

PART ②
甜品 控的最爱

最具人气的 经 典 甜品

H 黑森林慕斯

准备材料

　　巧克力蛋糕体1块，乳脂奶油200克，白糖50克，奶油乳酪50克，黑樱桃、草莓各适量。

经典分享

黑森林慕斯是德国著名甜点，今天已经成为德国最受欢迎的甜点，美名也已传遍了全世界。它融合了樱桃的酸、奶油的甜、巧克力的苦。表面的黑色巧克力碎屑让人联想起美丽的黑森林，于是很多人认为黑森林因此得名。其实它真正的主角，是那鲜美丰富的樱桃。

制作过程

1 锅内放入奶油乳酪，隔水软化，加入牛奶拌匀。

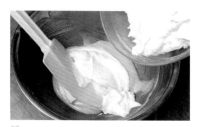

2 加入打至六分发的乳脂奶油，拌匀，备用。

3 将裁成圆形的巧克力蛋糕体放在转盘上，抹上一层步骤2的混合物。

4 放上适量的黑樱桃。

5 放上一块跟底部一样大的蛋糕体。

6 抹上一层乳脂奶油，再放上黑樱桃，再放一块一样大的蛋糕体。

7 把做好的慕斯放在花边纸垫上。

8 在慕斯表面和侧边抹上乳脂奶油。

9 在抹好乳脂奶油的表面和侧边粘上巧克力碎。

10 将冷冻好的慕斯切成扇形件，用花嘴挤上乳脂奶油。

11 在慕斯表面放上一块切半的草莓作装饰。

12 装饰完成。

提拉米苏

准备材料

鲜奶油250克，鸡蛋黄（约4个）80克，白糖50克，蜂蜜50克，吉利丁片10克，马斯卡邦芝士500克，咖啡粉30克，热开水250毫升，朗姆酒45毫升，手指饼干10片，可可粉适量。

提拉米苏是意大利最负盛名的甜点，关于它有一个温馨的传说：据说二战时期，一个意大利士兵要出征了，可是家里已经什么也没有了，爱他的妻子为了给他准备干粮，把家里所有能吃的饼干、面包全放进了一个糕点里，那个糕点就叫Tiramisu（提拉米苏），意思是"带我走吧"。于是，这款属于成人世界的甜点，是关于爱与幸福的。

制作过程

1. 准备模具。

2. 底部铺一片手指饼干，在上面撒上咖啡粉。

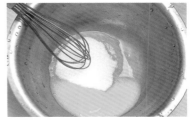

3. 将鸡蛋黄与白糖放入大盘中，隔水加热打发至呈乳白色。

4. 离开火源，加入蜂蜜拌匀，吉利丁片放入冷开水中泡软，加入蛋黄糊中搅拌至溶化。

5. 加入马斯卡邦芝士拌匀。

6. 再倒入鲜奶油，继续拌匀成芝士面糊。

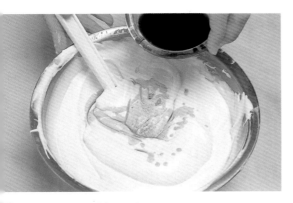

7. 适量加一点咖啡粉调味。

8. 用裱花袋装好把它挤入模具中，放入冰箱冷冻3～4分钟，撒上可可粉装饰即可。

D 蛋挞

准备材料

蛋挞：

鸡蛋10个，白糖300克，水500毫升，吉士粉50克，醋精2克。

松酥皮：

低筋面粉2250克，高筋面粉200克，牛油700毫升，猪板油100克，吉吉份150克，鸡蛋2个，牛油100克，水1150毫升，白糖150克。

蛋挞是一种以蛋浆做成馅料的西式馅饼；挞为英文"tart"之音译，指馅料外露之西式馅饼。最早的葡式蛋挞来自英国人Andrew Stow，他在葡萄牙吃到里斯本附近城市Belem的传统点心Pasteis de Nata后，决定在传统食谱上加进自己的创意，于是1989年在澳门路环岛开设安德鲁饼店，用猪油、面粉、水和蛋，以及英国式的糕点做法，创作出广受欢迎的葡式蛋挞。

酥皮制作过程

1. 将低筋面粉1250克、高筋面粉、吉士粉开窝，加入白糖、牛油、鸡蛋、水搓匀。

2. 搓至纯滑。

3. 压薄成长方形，铺在托盘中，用保鲜纸包好，静置醒发约1小时，入冰箱冷藏，成为水油皮。

4. 低筋面粉加入牛油、猪板油搓匀至没有颗粒物。

5. 放在已包保鲜纸的方盘抹平，冷藏，成为油心。

6. 水油皮擀薄至油心的两倍宽度。

7. 油心放中间，两边包起捏紧。

8. 擀薄至原来长度的3倍，然后对折3层。

9. 再擀至原来长度的3倍，对折4层即成。

10. 用保鲜纸包好，冷藏即成松酥皮。

制作过程

1. 松酥皮用活动擀面棍擀薄至0.25厘米厚。

2. 用模具压出圆形酥皮。

3. 酥皮放入盏里，压紧底部和四边，放入冰箱冷冻待用。

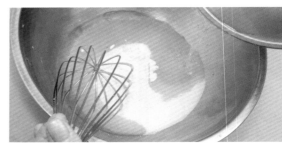

4. 白糖、吉士粉和匀，冲入开水溶成白糖水。

5. 加入蛋黄和2克醋精搅拌。

6. 待白糖水晾凉后，再加入鸡蛋搅匀。

7. 用纱网笊篱过滤。

8. 用茶壶盛载，加入盏中至八成半满，放入炉中以上火300℃、下火240℃烘焗约10分钟，至蛋液凝结即成。

L 绿豆沙

绿豆100克，小苏打2克，白糖适量。

经典分享

　　绿豆沙是极受人喜爱的甜品，是中国广东、香港最常见的糖水之一。它以其香滑清甜、清热解暑、别具一格的风味而独树一帜，饮誉"羊城"。

制作过程

1 绿豆洗净，加清水和小苏打浸泡6小时。

2 绿豆放入锅中，加入2倍量的水一起煮开，撇去浮沫。

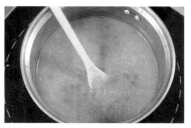

3 转小火再煮，加糖拌匀，继续熬煮至浓稠即可。

巧克力松露蛋糕

准备材料

鸡蛋8个（蛋黄与蛋白分开），白糖170克（分2份），核桃60克，香草粉5克，巧克力90克，牛油85克，中筋面粉60克，饼干屑100克。

装饰

巧克力碎450克。

奶油馅

动物鲜奶油300克，碎巧克力350克，奶油85克，郎姆酒75毫升。

蛋糕表面装饰的巧克力碎，小小一口咬下去，口感细腻香醇、丝丝浓滑。浸以黑朗姆酒糖水的蛋糕本已经奶香味十足，再层层搭配上奶油馅，诱人至极，加上装饰的巧克力碎整体一如生长在林间的松露。

制作过程

1 将鸡蛋黄与1/2糖混合，打至发白，加入核桃、香草粉拌匀。

2 把溶化的巧克力加入拌匀。

3 加入面粉拌至光滑。

4 加入饼干屑拌匀。

5 将蛋清与1/2糖打成细腻蛋清霜，分两次拌入面糊中，注入模具中，以190℃烤35分钟拿出备用。

6 拿出烘烤好的备用蛋糕坯分成三层，涂抹用水溶化的另外1/2的糖水（白糖100克，水200克，煮沸待凉后加入郎姆酒即可）后，挤上奶油馅摆起，粘放上巧克力碎装饰即可。

乃油馅

1 将鲜奶油煮沸加入巧克力碎。

2 待晾凉时，加入奶油。

3 再加入朗姆酒拌匀即可。

Q 巧克力芝士蛋糕

准备材料

巧克力 150克，奶油芝士 500克，白糖 100克，香草粉 5克，鸡蛋 2个，奶油 100克，可可粉 8克。

芝士蛋糕据知是源于古老的希腊，在公元前776年时，为了供应雅典奥运所做出来的甜点。本款芝士蛋糕看第一眼，就被它的清爽明快的外形给吸引了；吃上第一口，就完全迷上了这种巧克力芝士蛋糕的香浓美味。这就是巧克力芝士蛋糕的魅力。

制作过程

1 锅中放入在室温条件下软化的奶油芝士，加入白糖拌匀。

2 分次加入鸡蛋拌匀。

3 加入香草粉拌匀。

4 加入过筛的可可粉，拌匀至光滑。

5 巧克力与奶油混合隔水加热搅至溶化。

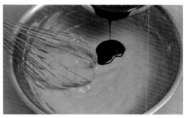

6 将步骤5的混合物加入步骤4的混合物中拌匀。

7 倒入铺有饼干底的模具里，放入烤盘，盘内加水，以上火180℃、下火140℃的温度隔水烘烤1小时左右。

8 出炉切件，用花嘴在切好的慕斯上挤上奶油。

9 摆上一颗黑橄榄。

10 完成装饰。

香浓意大利乳酪慕斯

蛋糕体1块，奶油乳酪150克，牛奶80毫升，糖30克，吉利丁8克，乳脂奶油200克，咖啡酒6毫升，柠檬汁3毫升，巧克力和白巧克力酱各适量。

咖啡酒是越南人日常生活里经常饮用的饮料，是用当地特产的米酿造的土酒，适当加入煮熟的咖啡。这款甜品因加入了咖啡酒，风味香浓、独特，再加上表面的巧克力酱，绝对会给你意想不到的好味道哦。

制作过程

1 锅中放入牛奶，加入糖，隔水加热至45℃，搅拌至糖溶化。

2 加入用冰水泡软的吉利丁。

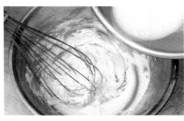

3 将步骤2的混合物分次加入到软化的奶油乳酪中拌匀。

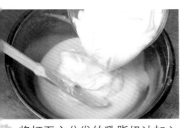

4 将打至六分发的乳脂奶油加入拌匀。

5 加入柠檬汁拌匀。

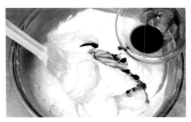

6 加入咖啡酒拌匀。

7 将拌好的慕斯用裱花袋挤入铺有蛋糕体的模具中，放入−10℃的冰柜冷冻4小时左右。

8 将脱模的慕斯放在硬纸垫上准备装饰。

9 在慕斯表面淋上一层白巧克力酱。

10 放上巧克力配件。

11 放上一根巧克力棒。

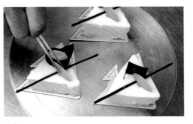

12 插上纸牌即可。

赤豆绿茶慕斯

蛋糕体1块，淡奶油370克，糖36克，绿茶粉13克，吉利丁12克，赤豆35克（熟），薄荷酒5毫升，各种水果适量。

经典分享

本款甜品绿茶口味清新，蛋糕松软，慕斯口感细腻。在炽热的夏日午后，品一口，淡淡的茶香和甜蜜的奶油赤豆，爽滑入喉，能让人享受片刻清爽与悠闲。

✄ 制作过程

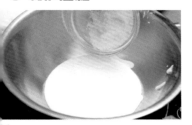

1. 将170克淡奶油与糖，加热至糖溶化。

2. 将绿茶粉加水拌匀成绿茶汁。

3. 将绿茶汁加入奶油中，再加入用冰水泡软的吉利丁。

4. 加200克淡奶油拌匀，加赤豆、薄荷酒拌匀成慕斯。

5. 取圆形蛋糕模，放入蛋糕体。

6. 然后，加慕斯到五成满，再垫一片蛋糕。

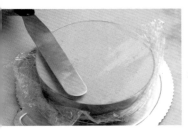

7. 再加慕斯到满，并用刀抹平，入-10℃冰柜冻6小时。

8. 用喷枪帮助脱模。

9. 按需求大小分切好。

10. 挤奶油，放黄桃、火龙果和绿葡萄即可。

蜂蜜富士山

准备材料

蛋糕体1块，奶油乳酪125克，牛奶65毫升，鸡蛋黄60克，蜂蜜100克，红樱桃25克，开心果20克，核桃碎20克，椰丝20克，花生碎20克，乳脂鲜奶油165克，吉利丁8克，白兰地10毫升，透明果胶若干，锥形模具若干。

经典分享

外形酷似富士山的"蜂蜜富士山"用椰丝来表现富士山的雪，看似简单的点缀，却让人联想翩翩。蜂蜜乳酪慕斯馅的绵甜融合各种干果口感香脆，一口下去，回味无穷。

制作过程

1. 奶油乳酪隔热水软化。

2. 分次加入牛奶拌匀。

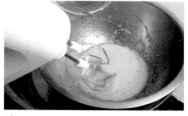

3. 蛋黄打散后加入蜂蜜，隔热水打发至浓稠颜色变浅。

4. 在步骤3的混合物中趁热加入用冰水泡软的吉利丁拌至溶化。

5. 将步骤4的混合物分次加入到步骤1的奶油乳酪中拌至柔软光滑。

6. 将步骤5的混合物分次加入到打至六分发的乳脂鲜奶油中拌匀。

7. 将各种干果碎加入到步骤6的混合物中拌匀。

8. 在步骤7的混合物中加入白兰地拌匀，成蜂蜜乳酪慕斯馅。

9. 将调好的步骤8的混合物用勺舀入模具中，约五分满。

10. 在步骤9的慕斯馅上加一块蛋糕体压平。

11. 将剩余的慕斯馅倒入抹平。

12. 在步骤11的慕斯馅上再加一片蛋糕体，封好保鲜膜，入冰柜冷冻成型。

13. 用热水烫慕斯模具，脱模放上底托。

14. 在慕斯面淋上透明果胶，让它随意流下。

15. 在慕斯面上撒上椰丝装饰。

16. 让它星星点点地撒落，完成装饰。

牛奶巧克力冻切饼

准备材料

蛋糕体1块，奶油芝士125克，鸡蛋黄80克，淡奶油125克，吉利丁片10克，鲜奶油500克，炼乳25克，巧克力果胶、香菜、杏仁巧克力配件各适量。

经典分享

这款甜品的口感十分独特，它把巧克力慕斯夹在牛奶慕斯中间，多层次的舌尖碰撞，带来与众不同的诱人口感。在夏天，这么一款冰凉又可口的冻切饼，才是最惬意的哦。悠闲的下午茶时间，来上这样一口甜点，入口浓郁、醇厚，真是享受！

制作过程

❶ 把奶油芝士、鸡蛋黄、淡奶油隔水加热至融化。

2 把泡软的吉利丁片加入煮至溶化。

3 隔冰水降温，降温的过程中需搅拌。

4 加入打发的鲜奶油搅拌。

5 加入炼乳搅拌均匀。

6 搅拌均匀后，成牛奶慕斯。

7 另将巧克力慕斯挤在慕斯圈内，厚约3厘米，放进冰箱凝固。

8 放一块厚约1厘米的蛋糕片在另一慕斯圈内，挤上厚约2厘米的牛奶慕斯。

9 将凝固好的巧克力慕斯脱模，放在步骤8的中间。

10 挤一层牛奶慕斯。

11 在表面放一片蛋糕。

12 最后挤满牛奶慕斯，抹平，放入冰箱待用。

13 凝固后在表面挤上巧克力果胶，用抹刀抹平。

14 脱模。

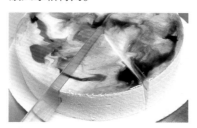

15 把慕斯切成三角形小件。

16 挤上奶油，放上香菜、杏仁、巧克力配件作表面装饰即可。

B 冰皮月饼

准备材料

糖浆500克，葡萄糖浆50克，白奶油40克，三洋糕粉120克，熟玉米淀粉40克，莲蓉适量。

冰皮月饼是越南传统中秋食品，20世纪80年代由越南难民传到香港。叫"冰皮月饼"的主要原因是它与传统月饼的制作方式不同，几乎所有传统月饼都是由糖浆做皮，颜色是金黄色，用烤箱做的。而它的部分原料是糯米粉，粘米粉，做成的月饼外观呈白色或者透明的，是在冰箱里保存。

制作过程

1 糖浆、葡萄糖浆混合，白奶油溶化后加入拌匀。

2 倒入三洋糕粉、熟玉米淀粉拌至均匀待用。

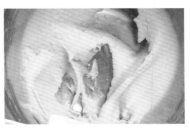

3 静置饧发两小时后，倒在案板上。

4 加入熟玉米淀粉，拌至软硬适合，成月饼皮。

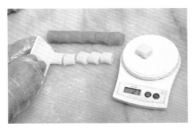

5 按3：7的比例分切皮馅。

6 压薄皮，包入莲蓉馅。

7 放入模内压结实、压平。

8 脱模后，放入冰箱冷藏即成。

J 菊花马蹄糕

准备材料

白糖800克，马蹄粉500克，淀粉100克，水2500毫升，菊花10克。

马蹄糕是广东、福建福州地区的汉族传统甜点名吃之一。其色茶黄，呈半透明，可折而不裂，撅而不断，软、滑、爽、韧兼备，味极香甜。本款加入菊花水的马蹄糕，除了具有原来的清甜味还散发出淡淡的菊花香味。

制作过程

1. 菊花泡水。

2. 马蹄粉、淀粉加800毫升水和匀，制成粉浆。

3. 另将1700毫升水加白糖煮溶。

4. 把泡好的菊花水和白糖水加入粉浆中和匀。

5. 把菊花粉浆倒入盏中，放入菊花。

6. 放入蒸笼蒸15分钟即成。

D豆沙飘雪影

蛋清200克，白糖25克，淀粉30克，玉米粉20克，添加剂3克，赤豆500克，椰浆350克，奶粉100克，白糖50克，鲜奶油100克。

经典分享

有一种广式甜品，是不论哪国客人都一定会喜欢的，因为它外形及口感都和欧洲甜品"梳乎厘"十分相像，同样是用蛋白打发，不过就更考师傅眼明手快功夫，它就是"豆沙飘雪影"。这款甜点口感松化柔软如棉花糖，虽然是豆沙馅的，但甜而不腻。

制作过程

1 蒸熟赤豆，加入椰浆、奶粉、白糖，打成稠糊状。

2 用纱网笊篱滤出豆渣。

3 倒进平底锅。

4 铲干部分水分，然后加入鲜奶油搅匀。

5 凉冻后切成每份8克的小份，搓圆待用。

6 蛋清加入白糖和添加剂。

7 顺一个方向快速打至起鸡尾状，加入淀粉、玉米粉。

8 挤成圆球状，放在已扫油的铁板上。

9 在顶部放上馅料压入中间。

10 补上蛋液抹平。

11 放入蒸笼用小火蒸8分钟。

12 粘上白糖即成。

N 牛奶龟苓膏

准备材料

龟苓膏粉45克，牛奶60毫升，冰糖水适量。

经典分享

    龟苓膏主要以鹰嘴龟和土茯苓为主要原料，是一种既养生又美容的食物，口感软滑，略涩，但回甘。现在大多数甜品店里的龟苓膏都会配以牛奶、蜂蜜或炼乳，减其苦涩味，增其香滑之感，就如本款的牛奶龟苓膏。

制作过程

1. 在龟苓膏粉中徐徐调入冷水，并不停搅拌，直至调和均匀。
2. 将热水倒入汤锅中，大火煮沸后，熄火。
3. 把调和好的龟苓膏缓缓倒入沸水中，并用汤勺混合均匀，倒入大碗中，放入冰箱冷藏1小时。
4. 将凝固后的龟苓膏扣出切块，倒入牛奶，加入冰糖水即可。

西瓜西米露

西米250克，西瓜200克，白糖适量。

经典分享

　　本款甜品利用西瓜本身的糖分使西米露变得甜美可口，入口只能用"好吃"两个字表达，水果的芬芳甜美中带有西米的软韧，吞下去后，还会觉得唇齿留香。若冰镇后，味道更佳。

制作过程

1. 西米洗净入锅，加适量清水，边煮边搅拌，煮至半透明时放入凉水中冲洗。
2. 西瓜去皮、籽，用榨汁机榨成西瓜汁，倒入容器中，加白糖调味。
3. 将煮好的西米加入西瓜汁中即可。

Y 椰奶炖木瓜

准备材料

木瓜400克，牛奶、冰糖、椰汁各适量。

经典分享

　　在炎热的夏天，热乎乎的椰奶炖木瓜，会让人一直不想入口。但冰镇的椰奶木瓜在炎热的夏天却非常受欢迎，因为它使人感觉清凉又滋润。那种浓郁的奶香和木瓜的清香紧紧地纠缠在一起，那种滋味久久在舌尖萦绕，让人吃后久久难以忘怀。

✂ 制作过程

① 木瓜洗净，削去皮，去籽，切块，放入碗中，倒入椰汁、牛奶和冰糖。

② 入蒸锅，大火蒸30分钟以上，至果肉软烂时取出。

③ 放凉后入冰箱冷藏，随吃随取。

越吃越上瘾 PART 3

不可抗拒的特色甜品

心太软巧克力蛋糕

准备材料

鸡蛋 5 个，白糖 8 克，巧克力 10 克，奶油 10 克，低筋面粉 60 克，巧克力旋条 1 块，开心果、巧克力酱、糖粉各适量。

特色魅力

此款蛋糕外部坚挺，内部松软，因此而得名。一口咬下去，流出来的巧克力让人的心甜甜，感觉总是心太软、心太软。

制作过程

1 将奶油、巧克力混合，隔水加热溶解。

2 将鸡蛋、白糖混合，打至发白。

3 将步骤1的混合物和步骤2的混合物倒存一起，搅拌均匀。

4 加入过筛的低筋面粉。

5 用裱花袋装好挤入模具中，入炉烘烤15分钟。

6 中间挤上巧克力浆，然后筛上糖粉，中间再放1块巧克力旋条。

7 放上1粒开心果。

8 插上纸牌完成装饰即可。

欧风水果面包

高筋面粉1000克，欧风香粉25克，酵母15克，改良剂5克，白糖180克，盐8克，香精20克，鸡蛋100克，奶油120克，清水500毫升，卡仕达馅、水蜜桃各适量。

特色魅力

面包的中间挤上卡仕达馅，放上一片水果，就是欧风水果面包，其做法简单，让面包也变得精致。香甜的味道可以让我们的味蕾迅速苏醒，诱人的色彩可以让我们的心情顿时愉悦起来。喜欢什么样的水果，可按自己的喜好随意放。

制作过程

❶ 将白糖、鸡蛋、香精、清水一起搅拌至白糖溶化。

2. 加入高筋面粉、欧风香粉、改良剂、酵母，用慢速拌匀后，转快速搅拌。

3. 搅拌至表面光滑加入奶油、盐，用慢速拌匀后，转快速搅拌。

4. 搅拌至用手可拉成均匀薄膜状。

5. 当面团温度为27℃时，整理后，覆盖保鲜膜发酵约20分钟。

6. 将面团分成每个70克的小份，用手轻轻搓圆至表面光滑。

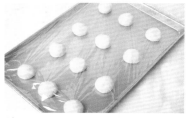

7. 覆盖保鲜膜松弛约10分钟。

8. 松弛完成的面团用擀面棍擀开。

9. 由上至下卷成长条。

10. 用两手轻轻向左右搓长。

11. 将面团从内至外卷成圆圈状。

12. 放入纸杯模具排入烤盘，然后放入发酵柜以温度38℃、湿度75%作最后饧发。

13. 待面团发酵约60分钟，至原来体积的2~3倍即可。

14. 在表面抹上蛋黄液。

15. 在中间挤上卡仕达馅。

16. 在中间放一小块水蜜桃后入炉烘烤约18分钟即可。

L 绿茶布丁面包

准备材料

绿茶菠萝皮：

糖粉500克，酥油500克，鸡蛋240克，绿茶粉10克，奶粉50克，奶香粉7克，盐1克，高筋面粉适量。

布丁水：

布丁粉50克，水700毫升，白糖150克，鸡蛋75克，酥油35克。

在绿茶菠萝包中加入布丁，绿中透亮，不仅口感清爽，还没有丝毫腻味，让人清香甜蜜涌动。

制作过程

面团的制作

A：高筋面粉2100克，酵母28克，鸡蛋300克，清水1250毫升；B：高筋面粉900克，白糖600克，清水360毫升，奶粉120克，奶香粉18克，改良剂13克，盐30克，奶油300克。

制作过程

1. 制作面团：将A面团原料全部加入搅拌均匀。

2. 静置发酵2～3小时，温度为30℃～33℃，湿度为70%～80%。

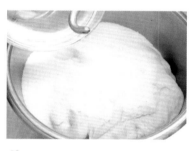

3. 将B面团原料逐个加入快速搅打。

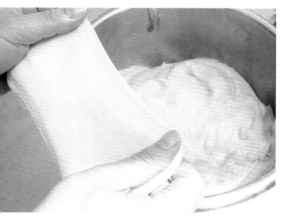

4. 拌至可拉成薄膜状。

5. 盖保鲜膜饧发15分钟左右，温度为30℃～35℃，湿度为70%～80%。

绿茶布丁面包制作过程

1. 将松饧完成的面团用手拍扁排气。

2. 再次将面团搓圆。

3. 将绿茶菠萝皮包在面团的周围。

4. 排入烤盘后，在常温下发酵60～80分钟。

5. 待面团发酵至原体积的2～3倍。

6. 在发酵完成的面团表面压上小圆形模具后，入炉烘烤约18分钟。

7. 面团烘熟后，把模具取出。

8. 将布丁水倒入中间的凹陷处，加至九成满即可。

绿茶菠萝皮制作过程

1. 将糖粉、酥油、鸡蛋一起搅拌至浮起。

2. 加入奶粉、奶香粉、盐一起拌匀。

3. 加入高筋面粉、绿茶粉拌至软硬适中。

4. 将拌匀完成的绿茶菠萝皮分成每个40克的小份。

布丁水制作过程

1. 将布丁粉与鸡蛋拌匀。

2. 将酥油、水、白糖加热至90℃。

3. 倒入步骤1做好的布丁蛋面糊内。

4. 充分拌匀，煮片刻。

5. 完成后，将布丁过筛待用。

L栗子桂花羹

鲜栗子500克，干枣100克，桂花15克，白糖100克，藕粉20克。

本款甜品汤色鲜艳，味甜不腻，花香四溢，淡淡的桂花香，让人神清气爽。

制作过程

1. 栗子洗净后放在锅中，加适量水，用大火煮至栗子壳裂口。
2. 捞出栗子剥去壳，与洗净的红枣一起放入蒸锅中，用大火蒸至酥透。
3. 出锅冷却后，把红枣外皮和内核除去，把栗子捣成碎末用。
4. 在锅中加入2500毫升清水，烧开后，放入白糖搅匀。
5. 煮沸后，倒入栗子泥和红枣肉，加入湿藕粉迅速均匀，再加入桂花拌匀即可。

水果条面包

准备材料

高筋面粉560克，糖125克，盐7克，鸡蛋2个，黄油50克，改良剂2.5克，酵母6克，奶粉25克，吉士粉5克，清水185毫升，奶油、黄桃、草莓、奇异果各适量。

特色魅力

水果条面包不同于普通面包，可以让面包不再单一化，口感和营养也都很好，还让吃面包的人同时吃到水果。

制作过程

1. 将面团（面团的制作参考第43页）分成每个60克的剂子。

2. 将剂子擀成长椭圆形。

3. 卷起。

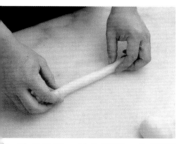

4. 搓成长条，放入烤盘，入发酵箱，用温度36℃、湿度75%进行第2次发酵，约90分钟。

5. 发酵完后，表面刷蛋液，入炉烘烤15分钟左右。

6. 出炉后，中间剖开约2/3深。

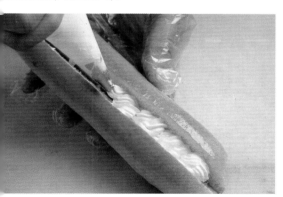

7. 在开口处挤入奶油。

8. 放上黄桃、草莓、奇异果作装饰即可。

L 莲蓉蛋黄角

奶油175克； 糖粉75克，鸡蛋50克，低筋面粉350克，吉士粉15克，奶香粉2 克，泡打粉2克，莲蓉375克，咸蛋黄100 克。

特色魅力

　　本款甜品是莲蓉蛋黄月饼的衍生品，选用了放养鸭产的鸭蛋经过精心腌制而出的鸭蛋黄，香浓流油，莲蓉内陷口感细腻，味道纯香，与蛋黄完美搭配，酥软美味。

制作过程

1　将奶油、糖粉混合，搅拌至奶白色均匀。

2　分次加入鸡蛋搅拌至混合均匀。

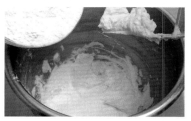

3　将低筋面粉、吉士粉、奶香粉、泡打粉加入。

4　搅拌透彻均匀。

5　面团拌好后取出稍作折叠。

6　每份分为面团125克、莲蓉75克、咸蛋黄1个。

7　将咸蛋黄包入莲蓉内。

8　用面团再将莲蓉包入。

9　将饼坯搓成橄榄状，排入烤盘。

10　表面抹上蛋黄液。

11　用竹签画出格纹，入炉烘烤。

12　熟后出炉，待冷却后，分切成角状即可。

M 猫舌饼

奶油100克，鲜奶10〇毫升，酥油100克，低筋面粉240克，淀粉50克，糖粉150克，鸡蛋清150克，白糖80克，塔塔粉3克。

特色魅力

这个饼干早在1979年就诞生了。夹心的奶油香味醇厚优雅，轻轻在口中溶化，味道特别不错。那种味道保证让你吃了忘不了，在甜品屋里也是卖得不错的一款夹心饼噢，回头客更是赞不绝口。配着一杯加啡，吃上几块这样的猫舌饼，有什么比这更幸福的呢？

制作过程

1 将奶油、鲜奶、酥油混合加热熔化。

2 加入低筋面粉、淀粉、糖粉拌至无颗粒状。

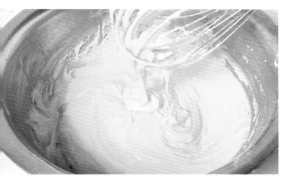

3 将拌好的面糊静置备用。

4 将鸡蛋清、白糖、塔塔粉混合拌打至鸡尾状。

5 分次与步骤3的面糊拌合，再静置15分钟。

6 用裱花袋将面糊挤出成形于耐高温布上，放入（200度）预热烤箱烘烤10分钟左右即可。

杏香小海绵

鸡蛋清250克，白糖120克，盐2克，塔塔粉2克，低筋面粉150克，奶粉25克，奶香粉1克，蛋糕油10克，鲜奶30毫升，食用油60毫升，杏仁片、果酱适量。

特色魅力

可爱的小蛋糕非常适合下午茶，这个杏香小海绵绵软香甜，甜蜜的果酱和酥脆的杏仁搭配在一起甜而不腻。若有多余的杏仁可再放在表面上入炉一起烘烤，形成酥脆的口感也十分出彩。

制作过程

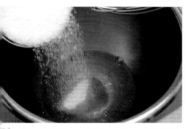

1 将鸡蛋清、白糖、盐、塔塔粉混合搅拌至白糖溶化。

2 加入低筋面粉、奶粉、奶香粉，拌至完全无颗粒状。

3 将蛋糕油加入，先慢后快搅拌，拌打至体积增至原来的3.5倍。

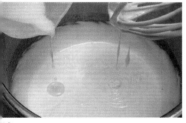

4 加转中速加入鲜奶、食用油，边加入边搅拌，直至完全拌匀。

5 完成后将面糊倒入模具中约八分满。

6 表面挤上果酱。

7 用杏仁片装饰，入烤炉。

8 放入（190度）预热烤箱烘烤至熟透后，脱模即可。

蜜赤豆蛋糕

准备材料

糖粉500克，酥油800克，蛋黄400克，低筋面粉900克，奶粉80克，泡打粉15克，蛋清750克，白糖200克，塔塔粉20克，蜜赤豆100克，果酱适量。

特色魅力

柔软的戚风蛋糕里面加入了蜜红豆，在细腻的基础上，又平添了一丝香甜的豆香，咬下每口都是惊喜哦！作为早餐或下午茶的甜品都是非常好的选择。

制作过程

1. 将糖粉、酥油混合拌打起发。

2. 分次放入蛋黄搅拌至均匀。

3. 加入低筋面粉、奶粉、泡打粉搅拌至纯滑均匀备用。

4. 将蛋清、白糖、塔塔粉混合，先慢后快搅打至鸡尾状。

5. 分次与步骤3的面糊拌匀。

6. 加入蜜赤豆拌匀。

7. 倒入已垫白纸的烤盘抹平，入炉烘烤30分钟左右。

8. 将烤熟晾凉的蛋糕对开分切。

9. 削去表皮。

10. 抹上果酱。

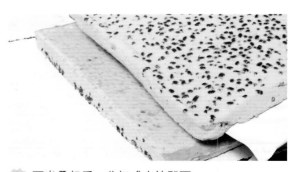

11. 两半叠起后，分切成小块即可。

B 百香果慕斯

准备材料

巧克力蛋糕体1块，百香果35克，鸡蛋黄30克，白糖20克，牛奶50毫升，吉利丁8克，乳脂奶油200克，饼干、巧克力棒各适量。

特色魅力

　　百香果生长在原产于美洲热带地区的一种藤本植物上，有"果汁之王"的美誉。其果实甜酸可口，风味浓郁，芳香怡人。本款甜品中加入百香果，能明显降低甜腻感，用其迷人的味道诱惑品尝它的每一个人。

制作过程

① 锅内倒入蛋黄，加入白糖打至发白。

② 加入牛奶拌匀，隔水煮至浓稠。

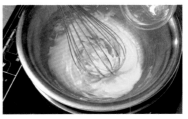

③ 加入用冰水泡软的吉利丁。

④ 锅内放入打至六分发的乳脂奶油，加入百香果泥拌匀。

⑤ 将步骤3的混合物分次加入到步骤4的混合物中拌匀。

⑥ 用裱花袋将拌好的慕斯，挤入模具至一半满，放入一块比模具小一圈的蛋糕体。

⑦ 挤入剩余的慕斯，铺上一块跟模具一致的蛋糕体，封上保鲜膜，放入-10℃的冰柜中冷冻4小时左右。

⑧ 将慕斯脱模放在硬纸垫上，准备装饰。

⑨ 在慕斯表面淋上一层百香果奶油。

⑩ 慕斯表面放上一块绿茶马卡龙饼干。

⑪ 放上一条巧克力棒。

⑫ 插上一张纸牌，装饰完成。

鲜草莓慕斯

准备材料

巧克力蛋糕体1块，鸡蛋黄35克，白糖20克，牛奶50毫升，草莓120克，吉利丁6克，乳脂奶油150克，开心果、巧克力棒各适量。

特色魅力

本款甜品晶莹剔透，让人垂涎欲滴，新鲜草莓加牛奶煮成的浓缩果汁，溶入吉利丁粉，再与滑顺的奶油拌匀，和开心果、巧克力棒一起，口感丰富，表面的鲜草莓让慕斯吃起来更爽口！

制作过程

1. 先将草莓榨成果泥，备用。

2. 锅内放入鸡蛋黄，加入白糖打至发白。

3. 加入牛奶拌匀，隔水煮至浓稠。

4. 加入用冰水泡软的吉利丁，拌匀后备用。

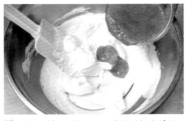

5. 锅内放入打至六成发的乳脂奶油，加入步骤1的混合物拌匀。

6. 将步骤4的混合物分次加入到步骤5的混合物中拌匀。

7. 用裱花袋将拌好的慕斯挤入模具，抹平表面。

8. 铺上一块跟模具一致的蛋糕体，放入-10℃的冰柜冷冻4小时。

9. 将脱模的慕斯放在硬纸垫上，准备装饰。

10. 慕斯表面淋上一层草莓果膏。

11. 慕斯用巧克力贴边，表面放上一块切半的草莓。

12. 表面放上一条巧克力棒。

13. 放上一颗开心果，插上一张纸牌。

14. 装饰完成。

水果杂烩慕斯

准备材料

芒果布丁夹心：芒果泥80克，芒果切丁适量，白糖15克，吉利丁10克，牛奶100毫升。

椰奶乳酪慕斯：椰奶100克，酸奶20克，白糖30克，奶油乳酪100克，吉利丁5克，乳脂奶油200克，巧克力片、黑樱桃各适量。

特色魅力

这是一款非常受欢迎的甜品，外脆内绵，果泥的多少跟口味可根据个人的喜好放。一口咬下去，杏仁片、巧克力片、樱桃、芒果味大杂烩，那种感觉让人久久难以忘怀，吃了还想吃。若看着不舍得大口咬下去，可先吃一点杏仁片或巧克力片，再吃点樱桃，再吃芒果布丁，最后让美味全部收入您的腹中。

制作过程

芒果布丁夹心

1 锅中放入芒果泥，加入牛奶拌匀。

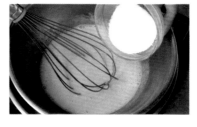

2 加入白糖，隔水煮至45℃，搅拌至白糖溶化。

3 加入用冰水泡软的吉利丁拌匀。

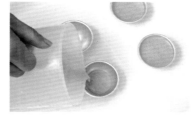

4 倒入模具中至九分满。

5 加入适量芒果切丁，放入冰箱冷藏，备用。

椰奶乳酪慕斯

1 锅中放入椰奶，加入酸奶拌匀。

2 加入白糖，加热至45℃，搅拌至白糖溶化，加入泡软的吉利丁拌匀。

3 锅中放入软化的奶油乳酪，将步骤2的混合物分次加入拌匀。

4 锅中放入打至六成发的乳脂奶油，将步骤3的混合物分次加入拌匀。

5 将拌好的椰奶乳酪慕斯倒入模具中至一半满，放入冻好的芒果布丁夹心。

6 再将剩余的慕斯挤入，铺上一块跟模具大小一样的蛋糕体，封上保鲜膜，放入-10℃的冰柜冷冻4小时左右。

7 将脱模的慕斯放在硬纸垫上，准备装饰。

8 在慕斯边贴上粘有杏仁片的巧克力片。

9 放上两颗黑樱桃。

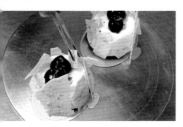

10 撒上开心果碎，插上一张纸牌。

11 装饰完毕。

M 猕猴桃慕斯卷

准备材料

蛋糕体：鸡蛋360克，鸡蛋黄55克，白糖183克，低筋面粉83克，奶油93克，牛奶25毫升。

奶油夹心馅：牛奶100克毫升，白糖420克，鸡蛋黄20克，玉米粉10克，吉利丁5克，奶油乳酪150克，乳脂奶油300克，猕猴桃切片、杏仁片、开心果碎各适量。

特色魅力

本款甜品把新鲜的猕猴桃夹入蛋糕里，表面再融入奶油夹心馅，入口非常爽滑，不仅有猕猴桃的清爽，还有奶油的香甜。再因猕猴桃是新鲜冷冻的，不仅味道更好，还不失猕猴桃中含有的各种营养成分。

制作过程

蛋糕体

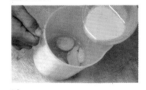

1. 量杯中放入鸡蛋和鸡蛋黄。

2. 加入白糖打至全发。

3. 锅中放打好的蛋糊，加入过筛的低筋面粉拌匀。

4. 奶油、牛奶加热溶化，加入拌匀，将拌好的蛋糕面糊倒入烤盘中，入炉烘烤，以上火180℃、下火150℃烘烤25分钟左右。

奶油夹心馅

1. 锅中放入鸡蛋黄，加入白糖打至发白。

2. 加入玉米粉拌匀。

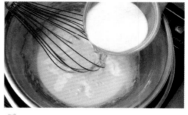

3. 加入牛奶，隔水煮至浓稠。

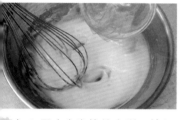

4. 加入用冰水泡软的吉利丁拌匀。

5. 锅中放入软化的奶油乳酪，分次加入步骤4的混合物拌匀。

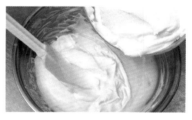

6. 加入打至六成发的乳脂奶油，拌匀。

猕猴桃慕斯卷

1. 在纸上放入一块烤好的蛋糕体，均匀地抹上一层奶油夹心馅。

2. 均匀地放入切片的猕猴桃。

3. 用棍子卷起，放入-10℃的冰柜冷冻3小时左右。

4. 将冻好的猕猴桃慕斯卷去掉转纸，切掉两头的边缘部分，放在玻璃板上准备装饰。

5. 慕斯卷两边贴上杏仁片。

6. 用草嘴将奶油夹心馅再均匀地挤在慕斯表面。

7. 画上巧克力线条。

8. 撒上开心果碎，插上两张纸牌，装饰完成。

$\mathcal{S}$ 沙卡香橙慕斯卷

准备材料

沙卡蛋糕体1块，牛奶100毫升，白糖40克，蛋黄20克，玉米粉10克，吉利丁5克，奶油乳酪150克，乳脂奶油300克，香橙切片、开心果碎各适量。

奶油夹心馅：牛奶100克毫升，白糖420克，鸡蛋黄20克，玉米粉10克，吉利丁5克，奶油乳酪150克，乳脂奶油300克。

特色魅力

本款慕斯吃起来有四层口感，巧克力的颗粒感、戚风的细腻、慕斯的嫩滑，还有果肉的酸甜，美味简直没得说，绝对是吃货们不可错过的一款甜品。

制作过程

奶油夹心馅

1. 锅中放入蛋黄，加入白糖打至发白。

2. 加入玉米粉拌匀。

3. 加入牛奶，隔水煮至浓稠。

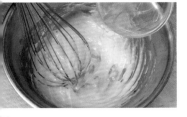

4. 加入用冰水泡软的吉利丁拌匀。

5. 锅中放入软化的奶油乳酪，分次加入步骤4的混合物，拌匀。

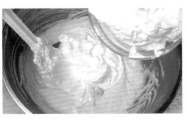

6. 加入打至六成发的乳脂奶油，拌匀。

沙卡香橙慕斯卷

1. 在纸上放一块烤好的沙卡蛋糕体，均匀地抹上一层夹心奶油馅。

2. 均匀地放上香橙切片。

3. 用木棍卷起，放入-10℃的冰柜冷冻3小时左右。

4. 将冻好的沙卡香橙慕斯卷去掉卷纸，切掉两头边缘，放在玻璃盘上，准备装饰。

5. 在慕斯表面淋上一层巧克力浆。

6. 在慕斯两边贴上粘有开心果的巧克力片。

7. 撒上开心果碎，再插上一张纸牌。

8. 装饰完成。

M 芒果舒芙蕾

准备材料

无盐奶油20克，玉米粉20克，芒果泥180克，鸡蛋黄100克，鸡蛋清150克，白糖50克，塔塔粉1克，芒果丁、巧克力片各适量。

特色魅力

舒芙蕾也有译为"梳乎厘"、蛋奶酥，是一种源自法国的甜品，经烘焙后质轻而蓬松。本款甜品在制作过程中，融入了芒果泥，使整个甜品吃起来不仅有舒芙蕾原有的香味，还有芒果的清香。

制作过程

1. 将黄油、芒果泥隔水加热化开、拌匀。

2. 再加入玉米粉拌匀。

3. 将盘端至桌面，放入蛋黄拌匀成面糊。

4. 蛋清挤入糖、塔塔粉做成打发的蛋清。

5. 模具扫上黄油，撒上糖。

6. 将面糊和打发的蛋清拌匀成慕斯。

7. 将慕斯倒入模具至五成满，铺一层芒果粒。

8. 再倒满慕斯，后放入烤盘中，并加适量清水。

9. 入烤炉，用200℃烤25分钟左右。

10. 挤上奶油。

11. 放奇异果、草莓。

12. 再放上葡萄，并将巧克力碎撒于表面。

香草椰奶慕斯

准备材料

　　蛋糕体1块，牛奶200毫升，椰奶135毫升，糖65克，吉利丁17克，淡奶油350克，椰子酒5毫升，草莓适量。

特色魅力

此款甜品入口细腻润滑，因为用的是淡奶油，再加上香草的味道，即使一口气多吃几口，也不会让人觉得腻。那浓浓的椰奶味混合着香草和巧克力蛋糕的味道，总让人吃后会念念不忘。

✂ 制作过程

1 锅内倒入牛奶，加入椰奶拌匀。

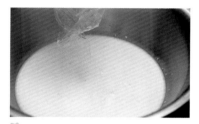

2 加入白糖拌匀。

3 加热至45℃，搅拌至白糖溶化，再加入用冰水泡软的吉利丁拌匀。

4 锅内放入打至六分发的乳脂奶油，加入椰子酒拌匀。

5 将步骤3的混合物分次加入到步骤4的混合物中拌匀。

6 将拌好的慕斯倒入铺有蛋糕体的模具内，抹平表面，放入−10℃的冰柜冷冻4小时左右。

7 用火枪在模具表面均匀加温，至模具表面无冰块。

8 用手在模具底部将慕斯推出。

9 脱模的慕斯围边，用裱花袋挤入一层奶油，在慕斯面上放入一块切半的草莓。

10 插上纸牌即可。

柚子乳酪慕斯

准备材料

巧克力蛋糕体1块，奶油酪150克，绿茶粉2克，牛奶70升，白糖35克，吉利丁6克，柚果泥50克，乳脂奶油200克，巧力、樱桃、开心果碎各适量。

特色魅力

　　本款甜品口感清爽嫩滑，一抹绿茶的清香、一缕幽香搭配柚子的清甜，宛如花季少女的清纯中带点俏皮的活泼。上层柚子绿茶慕斯，下层巧克力蛋糕，再加上表面的巧克力配件和樱桃搭配，色彩美味搭配，让人看着就很满足。

✂️ 制作过程

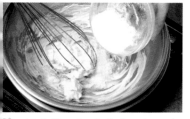

1. 锅中放入奶油乳酪，加入白糖，隔水拌软至白糖溶化。

2. 加入绿茶粉拌匀。

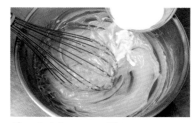

3. 分次加入牛奶拌匀。

4. 加入柚子果泥拌匀，再加入隔水溶化的吉利丁拌匀。

5. 加入打至六成发的乳脂奶油，拌匀。

6. 将拌好的慕斯倒入铺有蛋糕体的模具中，抹平表面，放入-10℃的冰柜冷冻4小时左右。

7. 将冻好脱模的慕斯切成长条形，放在硬纸垫上，准备装饰。

8. 在慕斯表面放上巧克力配件，再放上一颗樱桃。

9. 撒入开心果碎，插上一张纸牌。

10. 装饰完成。

K卡斯迪乳酪派

乳酪85克，鸡蛋黄2个，白糖15克，花生酱30克，牛奶65毫升，吉利丁4克，淡奶油85克，夏威夷果仁80克，核桃仁、玫瑰花瓣各适量。

特色魅力

做一个单独的乳酪派会让人感觉很腻，但加入了夏威夷果仁、核桃仁、玫瑰花瓣的，吃起来就会让人感觉清爽很多。尤其是趁热吃，更是可以使口感发挥到最佳。

制作过程

1. 牛奶加热至80℃。

2. 蛋黄和白糖拌至发白使白糖溶化。

3. 将步骤1的牛奶冲入步骤2的混合物中搅拌均匀。

4. 将步骤3的混合物隔水煮至发白浓稠。

5. 将用冰水泡软的吉利丁加入到步骤4温热的混合物中拌至溶化。

6. 将花生酱加入到步骤5的混合物中搅拌均匀。

7. 将夏威夷果仁和核桃仁等混合，加入到步骤6的混合物中拌匀。

8. 将打至六成发的淡奶油拌匀后加入到步骤7的混合物中。

9. 将步骤8的混合物加入到软化的乳酪中搅拌均匀。

10. 将步骤9的慕斯馅倒入烤好的派皮中抹平，放入冰柜冷冻成型。

11. 在脱模的慕斯表面挤上透明果胶抹平，切成扇形件。

12. 在表面放上绿茶味的马卡龙饼干，用白巧克力配件装饰。

13. 在旁边放上泡好的玫瑰花瓣。

14. 在表面刷上透明果胶即可。

N 奶油巧克力杯

准备材料

巧克力奶油

鸡蛋黄80克，白糖40克，牛奶400毫升，鲜奶油（38%）100克，巧克力130克。

成品

鲜奶油（38%）、巧克力糖浆、巧克力（55%）、无花果各适量。

本款甜品因为是杯装的，所以体积较小，一口气吃完，相信对于一个小胃口的女生也不会感觉有什么负担，这也是杯装蛋糕特色魅力所在。造型跟口味也可以根据个人的喜好制作，不管是从视觉还是味觉上都让人忍不住咽口水。

🔖 制作过程

1. 碗中放入鸡蛋黄、白糖，用打蛋器搅拌至白色。锅中放入牛奶和鲜奶油，加热至沸腾。将1/3已沸腾的牛奶倒入蛋液中，搅拌混合。再倒入剩下的牛奶，用小火加热成糊状。

2. 放入切碎的甜巧克力，搅拌混合，过滤，再用冰水冷却。

3. 灌入玻璃杯中，放入冰箱冷冻大约5小时。

4. 冷冻后，从冰箱中取出，再挤入鲜奶油。

5. 倒入巧克力糖浆，注意用勺从高处拉成线状，最后装饰巧克力和无花果即可。

M 麦片马拉卷

准备材料

低筋面粉100克，鸡蛋100克，燕麦片300克，糖100克，塔塔粉5克。

特色魅力

本款甜品既有海绵的柔软感，又有鸡蛋跟燕麦的香味，看似跟蛋糕卷一样，但其实是蒸出来的中式甜点，好吃又不上火哦。

制作过程

1 打出蛋清约150克。

2 将蛋清加糖50克，塔塔粉5克做成打发的蛋清，备用。

3 将在打发的蛋清里加入低筋粉、糖和燕麦片。

4 拌匀。

5 将其倒入烤盘。

6 刮平，大火蒸15分钟。

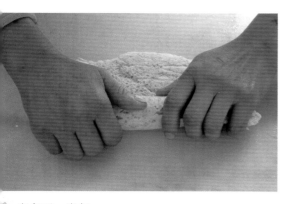

7 出盘后，卷起。

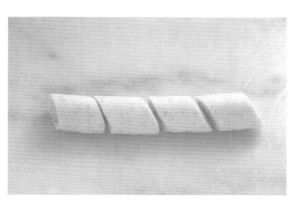

8 切成段，即成。

ℋ 黑美人月饼

准备材料

黑巧克力100克，麦芽糖30克，可可粉35克，鸡蛋5个，糖粉250克，莲蓉50克，奶油70克，低筋面粉450克，食粉5克，奶粉30克，莲蓉适量。

特色魅力

此款月饼和广式月饼的做法区别不大，仅是将传统月饼中的转化糖浆和油换成了巧克力糖油液。吃起来不甜、不腻，却有浓浓的巧克力香和莲蓉香，中西合璧恰到好处。

制作过程

1 将黑巧克力、麦芽糖、可可粉溶化混合后，加入鸡蛋拌匀。

2 加入糖粉拌匀。

3 放入莲蓉拌至没有颗粒。

4 奶油溶化后加入其中，拌匀成巧克力酱备用。

5 低筋面粉、食粉、奶粉过筛开窝，倒入巧克力酱。

6 用手搓至纯滑。

7 搓成软硬适合的面团。

8 按3：7的比例分切皮馅。

9 将皮压薄，包入莲蓉馅。

10 放入模中，压结实、压平。

11 脱模，排于烤盘内。

12 表面喷上水，放入炉中以上火200℃、下火150℃烘烤25分钟左右至熟透即成。

M 蜜桃奶香酥

准备材料

蜜桃奶香酥

千成酥皮适量，水蜜桃250克，鲜奶馅400克，糯米皮、食用色素各适量。

鲜奶馅

鲜牛奶150毫升，奶粉15克，白奶油50克，白糖90克，椰浆100毫升，玉米粉50克，淀粉10克，蛋清40克，低筋面粉20克，炼乳80毫升。

注：千成酥皮制作请参考P85制作过程2~12。

本款甜品外皮酥松，奶香味非常浓郁，甜度适中。咀嚼时，是水蜜桃鲜奶馅那独有的口感与味道，这浓郁酥松的味道简直让人停不了嘴。

制作过程

鲜奶馅

1. 把低筋面粉、奶粉、玉米粉、淀粉、白糖拌匀再加入鲜牛奶、白奶油、椰浆、蛋清、炼乳搅匀至无粒状。
2. 用纱网笊篱滤去杂质。
3. 放进蒸笼，每隔4分钟用打蛋器搅拌一下，以免沉底，直至蒸熟。

1 用鲜奶馅拌匀水蜜桃粒成馅。

2 千成酥皮用锋利刀具切出0.2厘米厚的直纹酥皮。

3 用擀面棍顺直纹擀薄至0.08厘米厚。

4 包上馅料卷成圆桶形。

5 粘上蛋清向内收紧接口。

6 糯米皮搓匀食用色素，做出装饰枝叶。

7 粘在顶部。

8 用160℃油温炸至金黄色即成。

清香枣泥包

准备材料

低筋面粉1000克，白糖200克，泡打粉15克，酵母8克，牛奶100毫升，水350毫升，猪油10克，红枣600克，白糖150克，低筋面粉100克，食用油100毫升。

特色魅力

　　枣泥包表面白洁，入口柔软甜润，枣香浓郁。由于枣中富含钙和铁，能提高人体免疫力，所以对于挑食的宝宝，这款清香枣泥包是个不错的甜品选择哦，既营养又好吃。

制作过程

1. 红枣加水，蒸至熟烂，用打蛋器搅至枣皮分离。

2. 用纱网笊篱，滤去残渣。

3. 加入白糖、低筋面粉、食用油拌匀，放盘中蒸熟。

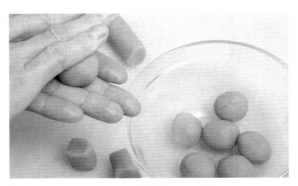

4. 晾凉后以每份20克，搓成圆形，待用。

5. 面团包上枣泥馅。

6. 放入蒸笼静置饧发45分钟后，蒸8分钟即成。

锦绣山药酥

准备材料

高筋面粉750克，吉士粉150克，鸡蛋1个，黄牛油50克，低筋面粉800克，薯粉200克，起酥油1000克，鲜山药馅，水适量。

特色魅力

本款甜品用千层酥皮交叉编织，包成了一个绣球的样子。外皮口感酥松，山药内陷清香、绵甜。不管是在甜品屋还是在大酒店都是大家爱点的甜品。

制作过程

1 山药馅分成每份30克，搓圆冷藏待用。

2 高筋面粉开窝，加入吉士粉、蛋黄、黄牛油、水搓匀。

3 搓至纯滑。

4 擀薄放进托盘，用保鲜纸包紧饧发，1小时后冷藏成为水油皮。

5 低筋面粉加入薯粉、起酥油搓匀。

6 放进托盘，抹平稍冷藏，成为油心。

7 把冷藏好的水油皮擀薄至油心宽度的2倍。

8 包上油心。

9 擀薄至80厘米长、35厘米宽，切平整皮边。

10 喷上适量水分，向中间对折。

11 再对折，完成第一个四层再重复9、10、11步骤2次。

12 完成3次叠层后，切成10厘米宽的条形，成为千层酥皮，稍冷藏后待用。

13 用刀切出直纹酥皮0.2厘米厚。

14 用擀面棍顺酥皮直纹擀薄至0.08厘米厚。

15 顺直纹切出0.4厘米宽条形，织成席纹酥网。

16 包上山药馅，收紧接口，用160℃油温炸至金黄色即成。

.85.

Ұ 樱桃美容糖水

准备材料

樱桃50克，鲜山药50克，核桃肉50克，红枣50克，山药粉10克，蜜糖100克。

特色魅力

　　樱桃作为人们喜欢的一种水果，味道甘甜鲜美，营养丰富。本款甜品，除了加入了樱桃，还加入了山药和核桃，不仅可调中益脾，还能美白肌肤、调理头发枯萎。

制作过程

1 鲜山药去皮，切成丁，用清水泡上；核桃仁洗净，红枣泡透。

2 锅内加清水，待水开时投入鲜山药丁、红枣，用小火慢煮至熟。

3 再加入核桃肉、樱桃，调入山药粉、蜜糖，煮透即可食用。

B 冰花麻蓉汤圆

准备材料

芝麻15克，白糖20克，姜丝10克，糯米粉、冰糖各100克。

特色魅力

汤圆是我国的代表小吃之一，历史十分悠久。因为这种糯米球煮在锅里又浮又沉，所以汤圆的来历最早叫"浮元子"，后来有的地区把"浮元子"改称元宵。吃起来香甜可口，饶有风趣。

✂ **制作过程**

1. 芝麻磨碎，拌入白糖做成汤丸馅。
2. 糯米粉用适量清水拌成粉团，再搓成10个汤丸，中间酿入汤丸馅。
3. 锅内放清水1000毫升连同姜丝、冰糖煮沸。
4. 加入汤圆用中火煮熟即可。

鲜奶杏仁炖菊花

准备材料

甜杏仁30克，鲜奶80毫升，菊花10克，白糖50克。

特色魅力

南杏仁甜，北杏仁苦。本款甜品用的是甜杏仁，甜品入喉清甜滋润，爽口不腻，并有鲜奶和杏仁的香味。

制作过程

1. 菊花洗净，浸开。
2. 甜杏仁浸水15分钟，捞出沥水。
3. 将菊花、甜杏仁、鲜奶放入炖盅内。
4. 加入沸水，小火炖30分钟，倒入白糖拌匀即可。

甜蜜分享 PART 4

我的甜品盛宴

巧克力焦糖布丁

准备材料

白兰地小西饼：低筋面粉40克，白糖50克，红糖10克，鲜奶油50克，奶油50克，杏仁片50克，白兰地5毫升。

焦糖：白糖180克，水80毫升。

布丁液：白糖50克，牛奶325毫升，鲜奶油180克，巧克力150克，鸡蛋黄90克。

甜言蜜语

此款布丁口感香滑细腻，入口即化，味道香甜可口！不仅看上去美味，吃起来更是让人难忘！喝下午茶的时候配上这么个布丁，那是多么完美的呀！迷人的色泽，拿出去宴客也是不错的选择。

制作过程

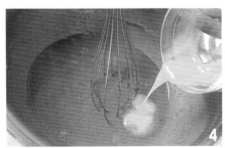

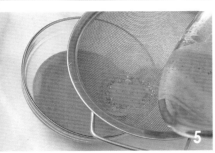

1. 制作白兰地小西饼：将小西饼所列原料一起拌匀，放入挤花袋，用圆孔花嘴在烤盘上挤出小圆球，入炉烘烤8～10分钟。

2. 制作布丁液：将牛奶、鲜奶油、白糖合煮至糖溶化。
3. 放入巧克力拌至融化。
4. 加入打散的鸡蛋黄，拌匀。
5. 过筛。
6. 在模具内倒入焦糖。
7. 倒入布丁液，入炉隔水烘烤30～35分钟，烤好后挤上打发鲜奶油，再以白兰地小西饼作装饰即可。

草莓椰奶慕斯

准备材料

草莓慕斯：蛋糕体1块，鲜奶15毫升，草莓果酱187克，糖40克，吉利丁10克，草莓利口酒15毫升，淡奶油215克。

椰奶淋面：椰奶100毫升，糖15克，吉利丁8克，淡奶油25克，椰子酒10毫升。

甜言蜜语

自制的香滑清新的草莓椰奶慕斯，入口即化，非常柔软。好吃又低脂、低热量。冰冻后，食用更是其味无穷，堪称蛋糕中的极品。

制作过程

1. 将牛奶、白糖加热搅拌至糖溶化。

2. 然后，加草莓果酱和用冰水泡软的吉利丁拌匀。

3. 挤入奶油，拌匀，再加草莓利口酒拌匀成慕斯。

4. 取圆形蛋糕模，放入蛋糕体。

5. 倒入慕斯至九成满，并抹平，入-10℃冰柜冻6小时。

6. 将椰奶、糖、淡奶油加热，搅拌至糖溶化。

7. 再加入用冰水泡软的吉利丁、椰子酒拌匀成淋面。

8. 将淋面放凉至手温，淋入冻好的慕斯蛋糕中，后入-10℃冰柜冻1小时。

9. 用喷枪帮助脱模。

10. 按需求大小分切好。

11. 在慕斯蛋糕上挤好奶油。

12. 放上黄桃和葡萄即可。

白兰地草莓慕斯

准备材料

蛋糕体1块，巧克力慕斯300克，草莓馅550克，白兰地酒20毫升，鲜奶油600克，吉利丁20克，鸡蛋清100克，白糖150克，草莓酱、杏仁片、香菜各适量。

甜言蜜语

这是一款诱惑难挡的多重美味的甜品，用白兰地来提升香气，水果进行装饰，吃起来不会让人感觉特别的甜腻。当然，如果表面的草莓酱能自己做，就更好了，对于那些喜欢吃草莓的朋友就更是极品了。

制作过程

1 把巧克力慕斯煮好，挤进模具内抹平，放进冰箱凝固后脱模备用。

2 把白糖、水混合煮成白糖浆，在煮的过程中需搅拌。

3 将鸡蛋清打发至原体积的3倍。

4 加入白糖浆搅拌均匀，制成蛋清霜备用。

5 将草莓馅、白兰地酒搅拌均匀。

6 加入用冰水泡好的吉利丁煮至溶化。

7 隔冰水降温，在降温的过程中需搅拌。

8 加入蛋清霜搅拌均匀。

9 加入鲜奶油搅拌均匀成草莓慕斯。

10 把慕斯挤进模具中约七成满。

11 把步骤1制好的巧克力慕斯放在中间。

12 表面挤满草莓慕斯，放上一块厚约1厘米的蛋糕体。

13 放进冰箱凝固后，脱模。

14 在表面淋上草莓酱。

15 粘上杏仁片。

16 放上装饰的水果和香菜即成。

L 绿茶开心果乳酪慕斯

准备材料

蛋糕体1块，奶油乳酪135克，牛奶80毫升，鸡蛋黄25克，白糖75克，绿茶粉10克，鸡蛋清35克，淡奶油110克，吉利丁8克，开心果碎适量。

甜言蜜语

开心果戚风蛋糕的制作方法跟普通戚风蛋糕相同，只要在蛋白糊和蛋黄糊混合前，先将适量开心果碎放入蛋黄糊中即可。其实除了做戚风，做饼干等其他甜品时，加一点开心果碎也非常好吃，而且更健康。

制作过程

1 奶油乳酪隔热水软化。

2 将35克白糖和蛋黄拌匀至颜色变浅。

3 牛奶加热至80℃。

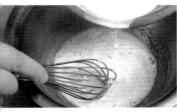

将牛奶冲入到步骤2的混合物中拌匀，再隔水煮至浓稠，成蛋黄卡仕达酱。

5. 在步骤4的混合物中加入绿茶粉拌匀，成绿茶卡仕达酱。

6. 趁热在步骤5的混合物中加入用冰水泡软的吉利丁，拌至溶化。

将步骤6的混合物加入到步骤1的混合物中，搅拌成光滑细腻的绿茶乳酪糊。

8. 将40克的白糖和水加热至100℃，蛋清先打至软性起发（五成发），然后将白糖水冲入蛋清中，搅拌直至发光发亮为止，成意大利蛋清霜。

9. 将步骤8的意大利蛋清霜加入到步骤7的乳酪糊中拌匀。

10. 将步骤9的混合物加入到打至六成发的淡奶油中拌匀。

11. 在步骤10的混合物中加入开心果碎，拌匀即成绿茶开心果乳酪馅。

12. 切好蛋糕体，放入模具底部。

13. 在模具中倒入步骤11的绿茶开心果乳酪馅约五分满。

14. 放入一块绿茶蛋糕体。

15. 注满慕斯馅料，冷冻成型。

16. 将冷冻成型的慕斯取出，上面淋上绿茶酱。

17. 在慕斯面斜插一片白巧克力叶形花。

18. 在上面放上一颗黑提装饰，刷上透明果胶即可。

K 椰奶赤豆乳酪慕斯

准备材料

蛋糕体1块，奶油乳酪110克，椰奶150毫升，鸡蛋清45克，白糖50克，吉利丁6克，樱桃酒5毫升，赤豆100克，饼干屑100克，奶油50克，巧克力片、饼干屑各适量。

甜言蜜语

浓郁、柔滑的乳酪慕斯，不光好看，还有着细致绵密和浓郁的椰奶赤豆香。与其看着图片想象它的味道，不如亲自动手试验一把——或许，它会成为你又一道足够在朋友面前炫耀的拿手甜点哦。

🔧 制作过程

1. 奶油乳酪隔热水软化至无颗粒。

2. 在步骤1的奶油乳酪中，分次加入椰奶拌至软滑细腻。

3. 白糖和水加热至100℃。

4. 将蛋清打至五成发，将步骤3中的100℃的白糖水慢慢加入其中，边加边搅拌至发光亮，颜色如打发的鲜奶油一般。

5. 将步骤4的混合物分次加入到步骤2的混合物中拌匀。

6. 在步骤5的混合物中加入赤豆粒拌匀。

7. 将樱桃酒加入到步骤6的混合物中拌匀，即成椰奶赤豆乳酪馅。

8. 将溶化的吉利丁水冷却至手温时，加入到步骤7的混合物中拌匀，即成椰奶赤豆乳酪慕斯馅。

9. 将溶化的奶油拌入饼干屑，拌成饼干馅。

10. 将步骤9的饼干馅压入模具底部，冻凝固备用。

11. 将步骤8的馅料用裱花袋挤入模具，抹平，入冰柜冷冻成型。

12. 在慕斯面淋上透明果胶。

13. 在慕斯面撒上赤豆粒装饰。

14. 最后在杯边插上一片蝶翅形巧克力即可。

香草小桥流水

准备材料

奶油乳酪165克，鸡蛋黄45克，白糖45克，牛奶130毫升，香草油5毫升，淡奶油165克，朗姆酒5毫升，吉利丁6克，饼干80克，奶油40克。

甜言蜜语

香草味的慕斯吃起来清新、细腻，再加入朗姆酒的味道，更是香气逼人。那种味道就仿佛小桥流水般细腻、淡雅。

🎀 制作过程

1. 将奶油乳酪隔热水软化至无颗粒。

2. 牛奶加热至80℃。

3. 蛋黄和白糖拌至发白，白糖溶化。

4. 将步骤2的混合物加入到步骤3的混合物中拌匀。

5. 将步骤4的混合物隔水煮至浓稠、柔滑、细腻。

6. 将用冰水泡软的吉利丁加入到步骤5的混合物中拌匀至溶化。

7. 将香草油加入到步骤6的混合物中拌匀。

8. 将步骤7的混合物加入到步骤1的混合物中搅拌均匀。

9. 将步骤8的混合物分次加入到打至六成发的淡奶油中拌匀。

10. 将朗姆酒加入到步骤9的混合物中拌匀，香草乳酪慕斯馅。

11. 将饼干屑和溶化的奶油拌匀，压入模具底部。

12. 将步骤10的馅料倒入步骤11的模具内抹平，入冰柜冷冻成型。

13. 在慕斯面上淋上透明果胶装饰。

14. 在表面挤上绿色巧克力波浪，再放上半弯形黑巧克力网和一片薄荷叶装饰。

Y 椰子味卡仕达馅乳酪慕其

蛋糕体1块，奶油乳酪110克，牛奶35毫升，椰子味卡仕达馅65克，白糖35克，吉利丁5克，淡奶油125克，椰子酒8毫升，椰子果肉丁、杏仁、巧克力各适量。

椰子味卡仕达馅可以用浓缩椰浆和卡仕达粉用5：1的比例调出来，也可以直接用市面上的罐装馅料。建议是最好自己调哦，因为那样味道会更好点。

制作过程

1. 奶油乳酪隔热水软化，分次加入牛奶拌匀。

2. 将椰子味卡仕达馅加入到步骤1的混合物中拌匀。

3. 将白糖加入到吉利丁和冰水中拌匀，再隔热水溶化冷却至手温，备用。

4. 将步骤3的混合物加入到步骤2的混合物中搅拌均匀。

5. 将步骤4的混合物分次加入到打至六成发的淡奶油中拌匀。

6. 将椰子酒加入到步骤5的混合物中搅拌均匀。

7. 再加入椰子果肉丁，拌匀即成椰子味卡达馅乳酪慕斯馅。

8. 将馅料倒入橄榄形模具中，至八分满。

9. 在馅料上放一片橄榄形蛋糕体，封好保鲜膜，入冰柜冷冻成型。

10. 模具烫热，慕斯脱模，放存底托上，淋上椰奶。

11. 在慕斯表面插上一棵巧克力椰树。

12. 在椰树前面放上杏仁粒和巧克力圈，刷上透明果胶即可。

R 乳酪布丁派

奶油乳酪95克，椰味卡仕达馅50克，牛奶20毫升，吉利丁3克，淡奶油45克，鸡蛋清25克，白糖30克，樱桃酒5毫升，干果、巧克力各适量。

甜言蜜语

这是一款酥到掉牙的乳酪派，酥脆的外皮，浓香的乳酪加布丁的配搭简直让喜欢吃派的亲们欲罢不能啊。慵懒的午后来上这样一个派，那就是一个字形容啊——"爽"！

制作过程

1 奶油乳酪隔热水软化。

2 牛奶加热至60℃，加入椰味卡仕达馅拌匀。

3 将用冰水泡软的吉利丁加入到步骤2中拌至溶化。

4 将步骤3的混合物分次加入到步骤1的奶油乳酪中搅拌均匀。

5 将白糖和水加热至100℃。

6 将蛋清打至五成发。

7 将步骤5的热白糖水慢慢加入到步骤6的混合物中，继续搅拌至光亮。

8 将步骤7的混合物分次加入到步骤4的混合物中拌匀。

9 将打至六成发的淡奶油分次加入到步骤8的混合物中拌匀。

10 再加入樱桃酒,拌匀即成乳酪布丁馅。

11 参照咸派皮的制作，烤好一份派皮冻后脱模备用。

12 将步骤10的混合物馅料倒入步骤11的派皮内。

13 将步骤12的乳酪派抹平后放入冰柜冷冻成型。

14 在布丁表面挤上奶油抹平，再将其切成扇形件。

15 在表面放上干果和巧克力扇形配件。

16 放上巧克力棒，刷上透明果胶即可。

玫瑰花馅乳酪慕斯

准备材料

蛋糕体1块，奶油乳酪115克，牛奶50毫升，玫瑰花馅85克，鸡蛋清30克，白糖35克，吉利丁6克，淡奶油85克，干玫瑰花瓣适量。

甜言蜜语

本款甜品粉粉嫩嫩的颜色，加上一片玫瑰花瓣，让人感觉充满了爱意，非常适合在情人节的时候和爱人共享。玫瑰的清香和慕斯的甜，使人心中充满甜蜜的感觉。

制作过程

① 奶油乳酪隔热水软化至松软无颗粒。

2. 在步骤1的奶油乳酪中分次加入牛奶，拌至柔软光滑呈奶糊状。

3. 在步骤2的混合物中加入玫瑰花馅拌匀。

4. 将白糖和水加热至100℃。

5. 蛋清先打至湿性起发（五成发）。

6. 将步骤4中的热白糖水冲入步骤5的蛋清中，边冲边搅拌，至金光发亮即可。

7. 将步骤6中的意大利蛋清霜分2次加入到步骤3的玫瑰乳酪糊中拌匀。

8. 将用冰水泡好的吉利丁隔热水溶化后冷却至手温备用。

9. 将打至六成发的淡奶油加入到步骤7中拌匀。

10. 将冷却好的步骤8的混合物加入到步骤9的混合物中，拌匀即成玫瑰馅乳酪慕斯馅。

11. 用模具印出蛋糕体，放入封好保鲜膜的模具底部压平。

12. 将步骤10的混合物倒入步骤11的模具内，抹平，入冰柜冷冻成型。

13. 用火枪烧模具后脱模，放在托垫上。

14. 在慕斯表面挤上透明果胶抹平。

15. 在慕斯面上插上一枝装饰叶和一片干玫瑰花瓣。

16. 刷上透明果胶即可。

香槟青提乳酪慕斯

准备材料

巧克力蛋糕体1块，奶油乳酪175克，鸡蛋黄35克，白糖45克，香槟酒95毫升，蜜桃泥50克，吉利丁8克，淡奶油175克。

香槟果冻层：香槟酒200毫升，青提子丁150克，白糖50克，淡奶油75克，吉利丁10克，巧克力适量。

甜言蜜语

味甜可口的青提藏匿于浓稠的乳酪中，表面加上香槟果冻，细细品尝，那股清香从齿缝间满溢，再配以巧克力蛋糕底层，可可的味道与浓重的酪香在唇齿间相融。

制作过程

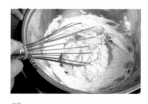

1. 奶油乳酪隔热水软化。

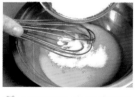

2. 蛋黄和白糖搅拌均匀至发白。

3. 蜜桃泥和一半香槟酒混合加热至80℃。

4. 将步骤3和步骤2的混合物混合拌匀。

5 将步骤4的混合物煮至颜色变浅呈浓稠状。

6 将用冰水泡软的吉利丁加入到温热的步骤5的混合物中拌至溶化。

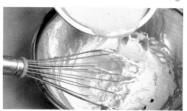

7 将步骤6的混合物分次加入到步骤1的混合物中搅拌均匀。

8 将打至六成发的淡奶油加入到步骤7的混合物中搅拌均匀。

9 将剩余的一半香槟酒加入到步骤8的混合物中拌匀。

10 将模具封好保鲜膜,垫入一块巧克力蛋糕体,倒入步骤9的馅料至五分满,冷冻凝固备用。

香槟果冻层

1 将一半香槟酒加白糖,加热至40℃。

2 将吉利丁用冰水泡软后加入到步骤1的混合物中拌至溶化。

3 将凉至手温的步骤2的混合物分次加入到打至六成发的淡奶油中拌匀。

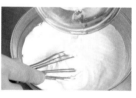

4 将剩余的香槟酒加入到步骤3的混合物中拌匀。

5 将青提子丁加入到步骤4的混合物中拌匀。

6 将步骤5的混合物倒入已冻至凝固的香槟乳酪馅上,抹平后入冰柜冷冻成型。

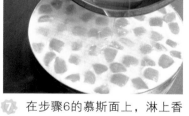

7 在步骤6的慕斯面上,淋上香槟果冻面,入冰柜冷冻至凝固。

8 用火枪烧慕斯圈边缘,托起慕斯圈,脱模后切成扇形件。

9 在切件慕斯上插上巧克力花和巧克力片作装饰。

10 在巧克力片上筛上少量白糖粉,插上纸牌装饰即可。

利宾纳黑提乳酪慕斯

准备材料

巧克力饼干100克，溶化奶油45克，奶油乳酪135克，白糖20克，利宾纳80克，吉利丁7克，淡奶油125克，酒渍提子干20克（切碎）。

甜言蜜语

酱色的黑提果膏带来了滑动在舌尖的冰甜，压碎的巧克力饼干和酒渍提子干混合在乳酪中，细嚼之下，那浓郁的香味瞬间盛开在每寸味蕾，格外美妙。

制作过程

❶ 奶油乳酪隔热水软化到无颗粒

2. 在步骤1的奶油乳酪中加入白糖拌至白糖溶化。

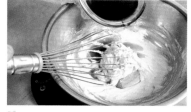

3. 将利宾纳分次加入到步骤2的混合物中拌匀。

4. 将用冰水泡软的吉利丁隔热水溶化，再冷却至手温后备用。

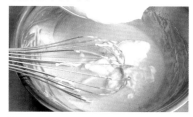

5. 将步骤4的混合物分次加入到步骤3的混合物中搅拌均匀。

6. 将打至六成发的淡奶油加入到步骤5的混合物中拌匀。

7. 将切碎的酒渍提子干加入到步骤6的混合物中拌匀，即成乳酪馅。

8. 将巧克力饼干压碎，拌入溶化奶油，搅拌均匀。

9. 将步骤8的饼干压入模具底部。

10. 将步骤7的馅料用裱花袋挤入模具中至八分满，抹平，入冰柜冷冻至凝固。

装饰

1. 将水和利宾纳一起加热至40℃。

2. 在步骤1的混合物中加入用冰水泡软的吉利丁搅拌至溶化。

3. 将黑提切丁加入到步骤2的混合物中拌匀。

4. 将步骤3的混合物倒入冻至凝固的慕斯馅的慕斯面上，抹平，冷冻至凝固。

5. 在慕斯表面抹上黑提果膏，放上巧克力配件和水果装饰。

6. 在表面抹上透明果胶即可。

香浓咖啡巧克力慕斯

准备材料

绿茶蛋糕体1块，鸡
蛋黄30克，白糖40克，
吉利丁5克，咖啡酒3毫
升，咖啡粉3克，黑巧克
力100克，乳脂奶油250
克，牛奶200毫升，饼
干、开心果碎各适量。

甜言蜜语

　　巧克力慕斯口感冰凉细腻，浓醇丝滑的黑巧克力浆包裹着绿茶味的蛋糕和香浓的咖啡巧克力慕斯，这种甜与苦的配合是如此微妙又如此美味。午后一份这样的慕斯，再来上一款自己喜爱的饮品，真是种超级享受呀。

制作过程

1. 锅内倒入蛋黄，加入白糖拌至发白。

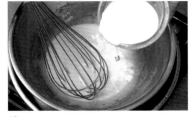

2. 加入牛奶拌匀。

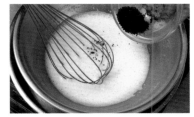

3. 加入咖啡粉拌匀。

4. 隔水煮至浓稠，再加入切碎的黑巧克力，搅至溶化。

5. 加入用冰水泡软的吉利丁拌匀。

6. 加入打至六成发的乳脂奶油拌匀。

7. 加入咖啡酒拌匀。

8. 用裱花袋将拌好的慕斯挤入模具至一半满，放入一块比模具小一圈的蛋糕体。

9. 将剩余的慕斯挤入模具中，铺上一块跟模具大小一致的蛋糕体，封好保鲜膜，放入-10℃冰柜冷冻4小时左右。

10. 将脱模的慕斯放在硬纸垫上，准备装饰。

11. 在慕斯表面淋上一层黑巧克力淋面。

12. 在慕斯边贴上一块马卡龙饼干。

13. 在慕斯表面放上一条巧克力配件。

14. 放上开心果碎，插上一张纸牌，装饰完成。

Q巧克力酸奶果冻杯

准备材料

巧克力慕斯：鸡蛋黄30克，白糖25克，牛奶60毫升，黑巧克力50克，吉利丁5克，乳脂奶油150克。

酸奶果冻：酸奶100克，牛奶50毫升，白糖30克，吉利丁12克。

甜言蜜语

这个果冻杯可谓是夏日必备的小甜点。上层的酸奶一改绵滑的口感，变身QQ的果冻，舀一勺送入口中，给人以Q感弹牙的触觉惊喜，再舀一口，巧克力慕斯的爽滑溶于舌尖，酸酸甜甜。

制作过程

1. 锅中放入蛋黄，加入白糖，打至发白。

2. 加入牛奶拌匀，隔水煮至浓稠。

3. 加入切碎的巧克力，拌至溶化。

4. 加入用冷水泡软的吉利丁拌匀。

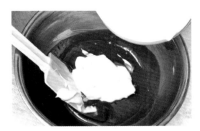

5. 将打至六成发的乳脂奶油加入拌匀。

6. 将拌好的慕斯用裱花袋挤入铺有蛋糕体的模具中，至一半满，抹平表面，放入冰柜冷冻4小时左右，备用。

7. 将酸奶加入牛奶、白糖，加热至45℃，搅拌至白糖溶化，加入用冷水泡软的吉利丁拌匀，然后倒在拌好的酸奶果冻上面。

8. 挤入巧克力酱，再用牙签画出花纹。

9. 放入冰柜冷冻凝固即可。

P 葡萄雨滴

准备材料

葡萄100克，吉利丁片8克，白糖45克，水25毫升，芝士125克，柠檬汁10毫升，白葡萄酒10毫升，鲜牛奶80毫升，鲜奶油120克。

装饰

绿葡萄200克，吉利丁片4克，白糖、水各适量。

甜言蜜语

小巧玲珑的雨滴形非常讨人喜欢，透明的绿葡萄装饰更是精巧，不失为赏心悦目的视觉享受。

制作过程

1. 将芝士隔热水加热搅拌，分次加入牛奶、白糖拌匀。

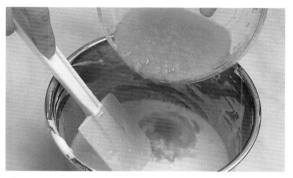

2. 将葡萄榨汁过滤，加热至40℃或50℃，加入柠檬汁拌匀至冷却，加入白葡萄酒，倒入牛奶芝士里拌匀。

3. 加入鲜奶油(七成发)拌匀。

4. 将煮好的吉利丁片糖水放凉至45℃，倒入已拌好的混合物中拌匀。

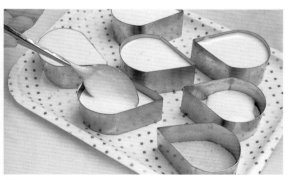

5. 倒入雨滴形模具，待凉至凝固,稍作装饰即可。

装饰

将绿葡萄铺在慕斯表面，倒入煮好的吉利丁片糖水即可。

红茶蛋糕

准备材料

清水180毫升，食用油180毫升，糖粉80克，低筋面粉300克，淀粉50克，泡打粉5克，红茶末30克，蛋黄250克，蛋清650克，白糖300克，塔塔粉8克，食盐6克。

甜言蜜语

　　本款甜品整个蛋糕都融入了红茶末，口感十分松软、香甜味美，且油脂含量低，吃货们完全不用为摄入太多热量而担心，作为茶点或早餐都是不错的选择。

✂ 制作过程

1 将清水、食用油、糖粉、低筋面粉、淀粉、泡打粉、红茶末混合搅拌至无颗粒状。

2 加入蛋黄，拌至纯滑后备用。

3 将蛋清、白糖、塔塔粉、食盐混合，先慢后快拌打至鸡尾状。

4 分次与步骤2的蛋黄糊混合搅拌至均匀。

5 倒入已垫纸的烤盘内。

6 抹平入烤炉，烘烤约25分钟。

7 出炉晾凉后分切成两半，抹上果酱。

8 将另一半叠起，成两层。

9 分切成小块即可。

花生椰子球

奶油100克， 糖粉100克，鸡蛋清50克，鲜奶40毫升，椰蓉280克，奶粉30克，花生碎80克，黑芝麻30克。

　　椰子球是经典的配茶小甜品，似乎每家甜品店都有一款这样的小点心。一口一个，既能消磨时光又能品尝美味。本款花生椰子球椰香浓郁，花生与椰蓉、芝麻的完全融合，吃着特别的香，如果是爱吃甜食的朋友，那可就要越吃越上瘾了。

✂ 制作过程

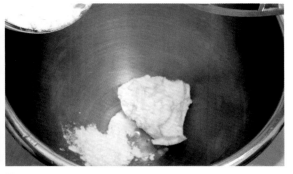

① 将奶油、糖粉混合搅拌至完全均匀。

② 分次加入鸡蛋清、鲜奶，边加入边拌至均匀。

③ 加入椰蓉、奶粉搅拌均匀。

④ 加入花生碎、黑芝麻拌匀。

⑤ 搓成圆球状放入烤盘，入烤炉。

⑥ 烘烤至熟透即可。

包馅酥

准备材料

奶油100克，白糖浆75克，盐2克，蛋黄30克，低筋面粉230克，吉士粉15克，奶香粉2克，菠萝馅适量。

这是一款连西方人也赞赏有加的传统中式酥点。外皮酥松化口，内馅甜而不腻。里面的内陷除了用菠萝馅外还可改用其他水果做馅，例如香瓜酥、蜜李酥、酸梅酥等，口味可随便挑。

制作过程

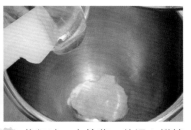

1 将奶油、白糖浆、盐混入搅拌至奶白色。

2 分次加入蛋黄，边加入边搅拌至均匀。

3 加入低筋面粉、吉士粉、奶香粉搅拌均匀。

4 搅拌至完全均匀，再用手揉成一团，备用。

5 将馅、皮按比例3：2分成等份。

6 用皮将馅包入制成饼坯。

7 将饼坯压入模具内，压实压平，入烤炉。

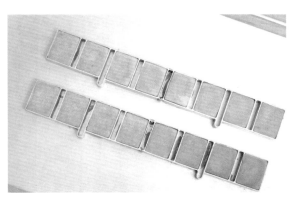

8 烘烤至熟透，出炉脱模即可。

𝒳 鲜奶香橙菠萝包

准备材料

糖粉800克，食粉5克，香草粉5克，鸡蛋100克，奶油150克，猪油280克，食用油120克，香橙油20克，清水80毫升，低筋面粉1000克，泡打粉8克，奶粉30克，橙色素适量。

注：面团原料及制作参见P43步骤1~8。

甜言蜜语

菠萝包一直是很多人的最爱，而它最重要的莫过于那层酥脆的菠萝皮了。本款菠萝包在做菠萝皮的时候加入了香橙素，外表看起来跟普通的菠萝包没两样，但吃起来就有浓郁的香橙味。中间再夹入鲜奶油，那香甜，简直美味至极。

✂ 制作过程

① 制作香橙菠萝皮：将糖粉、食粉、香草粉、鸡蛋拌至均匀。

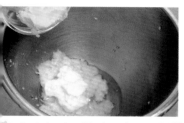  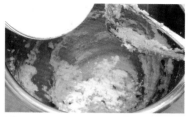

2 加入奶油、猪油、食用油搅拌均匀。

3 加入橙色素、清水、香橙油拌匀。

4 放入低筋面粉、奶粉、泡打粉搅打均匀。

5 静置备用。

6 将每个70克的小面团用手压扁，排出里面的空气。

7 卷成橄榄形，收好底部。

8 排在烤盘上放入发酵箱饧发90分钟左右，温度为37℃、湿度为75%。

9 醒发至原来体积的3倍左右。

10 用刀把香橙菠萝皮压成薄片。

11 盖上饧发好的面团。

12 抹上鸡蛋液。

13 用竹签划出菠萝纹后，入炉烘烤15分钟左右。

14 出炉后自然冷却。

15 用锯刀从中间锯开。

16 挤上打发的鲜奶油即可。

F 富士1号

准备材料

　　面团1000克，鸡蛋200克，白糖90克，低筋面粉200克，奶香粉1克，柠檬果酱90克，蜜豆粒适量。

　　注：面团原料及制作参见P.43步骤1~8。

甜言蜜语

本款富士1号口感香甜，咬上一口，甜甜的诱人小蜜豆就露出来了，细细品尝，齿间还有淡淡的柠檬清香。晴朗的早晨，一个富士1号搭配一杯温温的牛奶，幸福的一天就此开始了。

制作过程

1. 将面团分成每个100克的小份，将面团用手轻轻搓圆至表面光滑。

2. 覆盖保鲜膜松饬约10分钟。

3. 将松饬完成的面团用手拍扁排气。

4. 包入蜜豆粒，捏紧收口。

5. 排入烤盘后，放入发酵柜以温度38℃、湿度75%作最后发酵，发酵至原体积的2~3倍。

6. 表面挤上柠檬皮后入炉烘烤约18分钟。

7. 表面撒上糖粉装饰即可。

柠檬皮

1. 将白糖、鸡蛋液拌匀。

2. 加入低筋面粉、奶香粉拌匀。

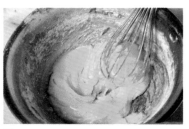

3. 加入柠檬果酱拌匀即可。

.127.

鲜奶原粒赤豆包

准备材料

低筋面粉1250克，白糖200克，泡打粉15克，酵母8克，牛奶100毫升，水350毫升，猪油130克，赤豆250克。

鲜奶馅

鲜牛奶150毫升，奶粉15克，白奶油50克，白糖90克，椰浆100毫升，玉米粉50克，淀粉10克，蛋清40克，低筋面粉20克，炼乳80毫升。

注：面团原料及制作参见P.43步骤1~8。

甜言蜜语

要做赤豆包的话一定要自制赤豆馅，比超市里的现成的口感会好很多，并且可以一次多做点，包子用不了还可以做面包，对了，还可以做月饼哦。本款甜品除了赤豆还在馅里添加了鲜奶，口感细腻、香醇。

制作过程

鲜奶馅

1 把低筋面粉、奶粉、玉米粉、定粉、白糖拌匀再加入鲜牛奶、白奶油、椰浆、蛋清、炼乳搅匀至无粒状。

2 用纱网笊篱滤去杂质。

3 放进蒸笼，每隔4分钟用打蛋器搅拌一下，以免沉底，直至蒸熟。

鲜奶原粒赤豆包

1 把赤豆蒸熟晾凉后，加入鲜奶馅，拌匀成馅。

2 将250克低筋面粉与120克猪油搓匀成油心。

3 把面团搓成长条形，分成每份20克的小份。

4 每份包入10克油心。

5 擀薄，压扁卷起折成3折。

6 擀成圆形皮。

7 包入馅料，捏紧收口。

8 放入蒸笼静置饧发45分钟后，蒸8分钟即成。

酥皮奶油包

准备材料

起酥油500克，糖粉500克，面粉500克，牛油50克，水200毫升，鸡蛋2个，奶油100克。

甜言蜜语

蓬松张孔的酥皮中包裹着奶油，外酥内滑，口感极佳。一口咬下，随着润滑内馅在口中爆开，满足的花朵在味蕾上绽放。

制作过程

1. 把起酥油、糖粉、面粉和匀，制成菠萝油皮备用。

2. 将面粉、牛油和匀后，加入鸡蛋、水搅拌均匀，制成面糊。

3. 将面糊挤成丸子。

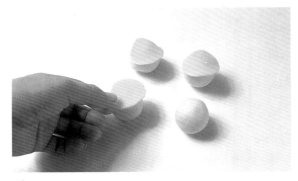

4. 盖上菠萝油皮。

5. 放入烤盘中，入炉，用210℃温度烤约15分钟。

6. 出炉后，用裱花袋和花嘴将奶油从底部挤入包内即成。

香芋酥

准备材料

水油皮

中筋面粉400克，白糖70克，猪油80克，水180毫升，香芋色香油适量。

油酥

低筋面粉250克，猪油100克。

馅

熟香芋300克，糖粉100克，三洋糕粉100克，奶油100克。

甜言蜜语

芋泥放了奶油后非常香，比不加奶油的纯芋泥味道更正，用勺捣碎的时候多捣几下，越细腻越好哦。出炉的时候要注意一定得轻拿轻放，不然一不小心完美的分层外皮就会碎掉哦。

制作过程

香芋馅

1. 熟香芋、糖粉中加入奶油搅拌成糊。

2. 拌透后再加入三洋糕粉充分拌和。

3. 将馅料搅拌好备用。

香芋酥

1. 水油皮材料倒入打蛋桶内，将水与香芋色香油混合加入。

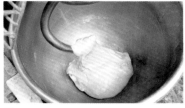

2. 拌打至面团纯滑，饧发30分钟待用。

3. 油酥部分材料倒入打蛋桶内。

4. 拌至纯滑成团。

5. 水油皮和油酥按7∶3的比例分成等份。

6. 水油皮将油酥包入。

7. 用擀面棍擀薄再卷起。

8. 重复擀压薄卷起。

9. 中间分切对开两半。

10. 切口向上用擀棍擀薄成皮胚。

11. 包入香芋馅。

12. 成型后排烤盘内，饧发30分钟放入炉中，用上火170℃、下火160℃烘烤30分钟左右即成。

K 可可九层糕

马蹄粉500克，淀粉100克，水2500毫升，白糖800克，可可粉50克，牛奶100毫升。

甜言蜜语

　　九层糕是一种甜米糕，做工讲究。民间用白米浸透，用石磨磨成水粉，搅拌成浆，加入糖水，用铜盘放一层薄水粉，加热蒸熟，然后逐层加粉至九层。寓意"长长久久，步步高升"。蒸熟的九层糕层次分明，软滑可口。

制作过程

1 马蹄粉、淀粉、水、白糖充分搅拌，和匀。

2 分出一半加入可可粉和匀，制成可可粉糊。

3 另一半加入牛奶和匀，制成牛奶粉糊。

4 在方形盘中放一层牛奶粉糊，蒸约15分钟至熟。

5 然后继续在上面加一层可可粉糊，再蒸15分钟至熟。

6 重复4、5的步骤多次，做成九层糕，切块即成。

D 豆蓉鲜奶冻糕

准备材料

鲜奶1000毫升，赤豆1500克，白糖1250克，鱼胶粉200克，水1500毫升。

绵绵的赤豆被夹在晶莹剔透的鲜奶冻之间，层次分明，吃到嘴里的感觉QQ的、凉凉的，非常可口。

制作过程

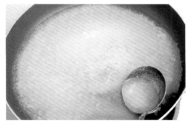

1. 水、白糖加入鱼胶粉煮溶。

2. 已蒸熟的赤豆，加入一半鱼胶水，搅烂，然后过滤出豆渣。

3. 另一半鱼胶水加入鲜奶搅匀。

4. 把加入鲜奶的鱼胶水倒一半入方盘，抹平冷冻。

5. 待第一层凝结后，再加入赤豆蓉，冷冻。

6. 加入另外一半鲜奶鱼胶水，冷冻。

7. 待完全冷冻后，取出切成条形。

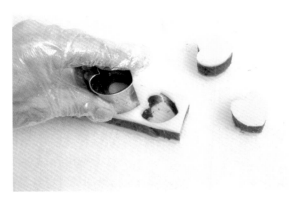

8. 用心形模具压出即成。

可可啤斯蛋糕

准备材料

烤好的海绵蛋糕1个,杂果碎、打发的奶油、橙色食用色素、可可粉各适量。

海绵蛋糕

鸡蛋500克,面粉150克,黄油50克,白糖100克,泡打粉20克,打发好的奶油适量。

甜言蜜语

可口的蛋糕,加上滑滑的奶油和微苦的可可粉,口感香甜适中,给你不一样的惊喜,尽享美味!

✂ 制作过程

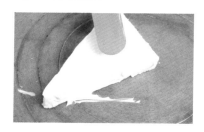

1 取出海绵蛋糕,去边角,切出两块三角形的蛋糕。取一块蛋糕,在其侧面和表面均匀地抹上打发的奶油。

2 另取一块三角形蛋糕,抹上带有可可粉的奶油,叠在步骤1的蛋糕块上。

3 将可可粉倒入筛网中，摇动筛网将可可粉均匀地撒在蛋糕上面。

4 奶油中加入适量橙色食用色素搅拌均匀。用裱花嘴装入橙色奶油，在蛋糕一角挤上一朵橙色奶油花。

5 最后围绕奶油花放上适量杂果碎做装饰即可。

海绵蛋糕

1 面粉中加入泡打粉，混合过筛。

2 将蛋液用搅拌机快速打至起泡。

3 分三次加入白糖，搅拌。

4 蛋液打至中性发泡（呈羽毛状）。

5 分3次加入面粉，轻轻拌匀，备用。

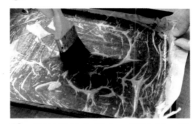

6 烤盘模具上铺上一层油纸，然后刷上融化过的黄油。

7 将面糊倒入烤盘。

8 用炉温180℃烤15分钟左右。

9 晾凉后取出，打横切成两半，在1块蛋糕上面抹上一层奶油。

10 再盖上另1块蛋糕。

11 如图所示，用圆形模具做出适当大小的蛋糕。

激情鸟巢蛋糕

准备材料

海绵蛋糕2片，巧克力碎、饼干、巧克力奶油、橙色奶油各适量。

注：海绵蛋糕制作材料和制作过程参考P.139。

甜言蜜语

这是一款因北京奥运的鸟巢而兴起的甜品，橙色奶油线条交错的样子就如鸟巢的造型，中间再适量的放上巧克力碎。巧克力的激情加鸟巢的造型，就是这款"激情鸟巢蛋糕"。

制作过程

1. 取1片蛋糕，表面抹上巧克力奶油。

2. 再盖上另1片蛋糕。

3. 然后在整个蛋糕表面和侧面均匀地抹上巧克力奶油。

4. 在蛋糕表面边缘挤上橙色奶油。

5. 重复重叠挤出，挤成线条交错的样子。

6. 在蛋糕表面中间放上适量巧克力碎。

7. 围绕蛋糕侧面依次倾斜粘上饼干即可。

L 蓝莓奶酪蛋糕

准备材料

海绵蛋糕1片，鱼胶粉15克，水80毫升，芝士片20克，白糖50克，蓝莓酱10克，奶油50克。

甜言蜜语

说起蓝莓这种水果挺奇怪的，平时吃水果吧，一般都不会想到它，但只要进甜品店，蓝莓口味的永远都是那么吸引人。看着这款蓝莓蛋糕，你被吸引住了吗？

制作过程

1 奶酪片煮化，与奶油一起用搅拌机搅匀；鱼胶粉加入适量清水制成鱼胶水。取一半鱼胶水倒入奶酪奶油之中。

2 再依次倒入蓝莓酱、白糖，拌匀。

3 取1片海绵蛋糕，大小和模具一致。

4 将海绵蛋糕铺在模具底部。

5 倒入做法2的蓝莓奶酪奶油，抹平。

6 在另外一部分鱼胶水内倒入蓝莓酱，拌匀。

7 凝固后倒入模具内。

8 放入冰箱内冷藏6小时即可。

M 玫瑰之恋奶酪蛋糕

准备材料

海绵蛋糕1片，鱼胶粉15克，水80毫升，奶酪片20克，白糖50克，奶油50克，玫瑰酱适量。

甜言蜜语

看着那若隐若现的玫瑰酱加入蛋糕这样的爱心甜品里，心里想的都是浪漫的情节，让人一下都忘记了去想它的味道。当真正送入口中时，香甜爽滑的蛋糕，还散发着玫瑰的清香，感觉真是棒极了。

制作过程

1. 将鱼胶粉和白糖混合。

2. 加水充分搅拌均匀，制成鱼胶水。

3. 奶酪片煮化，与奶油一起用搅拌机搅匀；取2/3制好的鱼胶水倒进奶酪奶油里。

4. 搅拌均匀。

5. 取1片海绵蛋糕，放入模具中；将拌好的蛋糕糊倒入模具内，待其冷却凝固。

6. 然后将玫瑰酱点在蛋糕糊表面。

7. 用竹签做好造型。

8. 然后倒入鱼胶水，放入冰箱内冷藏6小时即可。

提拉米苏芒果奶酪蛋糕

准备材料

海绵蛋糕2片，鱼胶粉15克，水80毫升，奶酪片20克，奶油50克，芒果半个，杏仁片、白糖各适量。

甜言蜜语

　　芒果的颜色总让人着迷，因为它那充满阳光的金黄色总让人心中充满着希望。本款蛋糕，芒果与提拉米苏的结合，奇妙而充满创意。蛋糕充分吸收了芒果汁的味道，那个味道就不必形容了，因为提拉米苏从来都是不会让人失望。

✂ **制作过程**

1️⃣　将海绵蛋糕切出1个角。

2️⃣　放入模具底部。

3️⃣　将芒果去皮，切丁，打成汁。

4️⃣　奶酪片煮化，与奶油一起用搅拌机搅匀；鱼胶粉加入适量清水制成鱼胶水；将调好的鱼胶水倒入奶酪奶油之中，再倒入混有芒果肉的芒果汁。

5️⃣　然后加白糖充分搅拌均匀。

6️⃣　倒入模具中蛋糕的表面上。

7️⃣　然后再盖上1片海绵蛋糕。

8️⃣　放入冰箱内冷藏6小时取出，表面抹上奶油，粘上杏仁片即可。

$\mathcal{H}$ 布丁蛋糕

清水800毫升，食用油120毫升，低筋面粉175克，淀粉25克，奶香粉3克，泡打粉2克，蛋黄175克，蛋清400克，白糖350克，塔塔粉7克，盐2克，布丁粉50克，鸡蛋80克，奶油40克。

柔滑的蛋糕包裹着嫩滑的布丁，小巧可爱的造型，让人忍俊不禁。一口咬下去便能尝到牛奶的甜香，蛋糕的松软，果冻般的布丁在舌尖跳跃。暖暖一杯奶茶，配上几块蛋糕，下午时光不能再美好了！

制作过程

1 将清水、食用油、白糖、低筋面粉、淀粉、奶香粉、泡打粉混合搅拌至无颗粒状。

2 加入蛋黄拌匀备用。

3 将蛋清、白糖、塔塔粉、盐混合拌至白糖溶化。

4 先慢后快拌打至鸡尾状。

5 分次与步骤2的面糊拌匀。

6 入模烘烤20分钟左右，脱模晾凉备用。

7 将布丁粉、鸡蛋、清水、白糖、奶油混合煮熟。

8 过筛后，稍晾。

9 将布丁液倒入已晾冻备用的蛋糕里，凝固成型即可。

Y 椰汁杏仁露

准备材料

花生米100克，甜杏仁50克，纯牛奶200毫升，椰汁50毫升，白糖20克。

甜言蜜语

椰汁杏仁露是由椰汁、杏仁搅拌制作而成的广式甜品，含有植物蛋白、氨基酸、亚麻酸、多种维生素及硒、锌等微量元素，具有调节血脂和美容保健作用。

制作过程

1. 将花生米与杏仁放入锅内干炒至表面变色。
2. 将烧好的花生米、杏仁连同1/3牛奶倒入搅拌机搅拌，取汁。
3. 将剩下的2/3牛奶连同椰汁、搅拌好的花生米杏仁汁一起入锅，用小火煮沸，加白糖调味即可。

碧绿豌豆羹

准备材料

新鲜豌豆200克，罐头
樱桃数颗，菠菜汁、猪油、
冰糖、水淀粉各适量。

本品豆绿桃红，色泽喜人，柔滑可口。因为是泥羹状，所以老人小孩都很方便食用。

制作过程

1. 豌豆加水煮熟，捞出去壳，用刀反复压成泥。
2. 猪油切块，加热融化后待用；冰糖用水化开，备用。
3. 炒锅上火，放入猪油烧热，加入豌豆泥用小火翻炒至沙泥状，再倒入菠菜汁和糖水煮沸。
4. 撇去浮沫，加入水淀粉勾芡成羹状，装碗，食用时，点缀樱桃即可。

R 人参莲子羹

准备材料

莲子300克，人参10克，菠萝100克，淀粉30克，冰糖500克。

甜言蜜语

　　本品甜润适口，莲子绵软而不碎。莲子与人参一起煮具有滋补身体、增强抵抗力的作用。但要注意人参虽好，切忌一开始就大量服用哦，最好是循序渐进，逐渐增加分量。

制作过程

1. 人参用温水泡软，洗净，切片；莲子洗净，去心。
2. 淀粉加水调匀成水淀粉。
3. 菠萝去皮切块，用盐水浸泡1小时待用。
4. 锅中注入清水1000毫升煮沸，加入莲子煮至熟烂，放入冰糖、人参再煮30分钟。
5. 另取锅，加水烧开，放入冰糖熬化，加入菠萝、莲子、人参（连汤）一同烧开，再倒入水淀粉勾芡即可。

银耳杏汁糖水

准备材料

甜杏仁100克，银耳50克，糯米50克，冰糖适量。

杏仁具有止咳祛痰、润肺养阴的功效，搭配银耳，可益胃生津、润肺养阴。

制作过程

1. 甜杏仁洗净，用热水泡1小时，放入搅拌机，加适量清水搅成汁，去渣。
2. 糯米洗净，泡清水1小时备用。
3. 银耳用水浸发，去蒂，撕成小片。
4. 将甜杏仁汁、糯米、银耳倒入锅中煮10分钟，加入冰糖煮至溶化即可。

香芒火龙果西米露

准备材料

芒果50克，火龙果1个，西米、糖水（或椰汁）各适量。

甜言蜜语

如果用的是椰汁，可以把西米倒入椰汁中浸泡，让西米充分吸收椰汁，使西米椰味浓郁。和火龙果混合后，非常爽口。火龙果的清甜、椰汁的香气、Q滑的西米，那绝对是享受啊！

制作过程

1. 锅中加水，放入西米，小火煮到只留中间一点白点，捞出西米用冷水冲去表面黏液。
2. 锅中另放清水烧开，倒入冲洗后的西米，小火慢慢煮到中间白点消失，呈晶莹剔透状关火。
3. 芒果去皮，切粒。
4. 火龙果对半切开，把挖出来的果肉粒放回果皮中，加入芒果粒、西米、糖水（或椰汁）即可。

Y 椰汁黑豆炖雪蛤

准备材料

椰子1个，黑豆、莲子各20克，雪蛤膏10克，红枣3粒，姜2片，糖适量。

甜言蜜语

本品所用主材料都是养生食用的食材，尤其是雪蛤，还能养颜，所以爱美的女性朋友可以多吃点雪蛤。如果是在夏天食用本品，还可以放冰箱冷藏后再吃，冰镇后的椰汁黑豆炖雪蛤味道会更好哦。

制作过程

1. 雪蛤膏浸水5小时，除杂洗净。
2. 椰子剥开，倒出椰汁。
3. 黑豆、莲子、红枣洗净，莲子去心，红枣去核。
4. 将雪蛤膏和姜片放入滚水内煮15分钟，然后取出雪蛤膏洗净，沥干水分。
5. 将所有材料放入炖盅，加水，隔水大火炖两小时即成。

图书在版编目（CIP）数据

我的甜品屋 / 犀文图书编著 . — 天津：天津科技翻译出版有限公司，2015.9
ISBN 978-7-5433-3519-6

Ⅰ. ①我… Ⅱ. ①犀… Ⅲ. ①甜食 – 制作 Ⅳ. ① TS972.134

中国版本图书馆 CIP 数据核字 (2015) 第 142744 号

出　　　版：天津科技翻译出版有限公司

出 版 人：刘　庆

地　　　址：天津市南开区白堤路 244 号

邮政编码：300192

电　　　话：（022）87894896

传　　　真：（022）87895650

网　　　址：www.tsttpc.com

策　　　划：犀文图书

印　　　刷：北京画中画印刷有限公司

发　　　行：全国新华书店

版本记录：787×1092　16 开本　10 印张　180 千字
　　　　　2015 年 9 月第 1 版　2015 年 9 月第 1 次印刷
　　　　　定价：32.80 元

（如发现印装问题，可与出版社调换）